L'art de l'IA Guide du débutant en IA générative

par
Chris Elliott

L'art de l'IA Guide du débutant en IA générative

Table of Contents

Introduction

Bienvenue dans le monde passionnant de l'intelligence artificielle générative, un domaine où la créativité et la technologie se croisent de manière fascinante et inattendue. Ce livre vise à démêler les subtilités de l'intelligence artificielle générative, en la rendant accessible même à ceux qui ne connaissent pas encore le concept. Que vous soyez un débutant enthousiaste ou un passionné curieux de la créativité technologique, ce livre est conçu pour être votre guide complet, vous guidant à travers les bases et vous plongeant dans les possibilités infinies de l'IA générative.

L'IA générative n'est pas seulement une merveille technologique ; c'est un outil révolutionnaire qui a le pouvoir d'augmenter la créativité humaine et de transformer diverses formes d'art numérique. À la base, il s'agit de machines qui créent des données, de l'art, de la musique ou même du texte, non pas en codant manuellement chaque étape, mais en apprenant des modèles et en générant de nouveaux résultats à partir de ceux-ci. Imaginez le pinceau d'un peintre subtilement guidé par un algorithme ou une mélodie composée par un réseau neuronal. Le spectacle créatif rendu possible par l'IA générative est véritablement illimité, limité uniquement par l'imagination de ses collaborateurs humains.

La technologie semble souvent intimidante en raison de sa complexité, mais l'IA générative peut être fascinante sans être intimidante. Notre voyage commence par une introduction simple et accessible aux principes et concepts fondamentaux. Nous explorerons la magie qui se cache derrière la façon dont les machines apprennent, créent et inspirent. Au fur et à mesure que nous approfondirons la question, nous dévoilerons les secrets qui se cachent derrière des termes à la mode comme les réseaux neuronaux, les GAN (Generative Adversarial Networks) et les VAE (Variational Autoencoders).

On peut se demander pourquoi maintenant ? Pourquoi l'IA générative est-elle devenue un point central dans les discussions contemporaines sur la technologie et la créativité ? Il s'agit de la tempête parfaite entre des années de perfectionnement des techniques d'apprentissage automatique et l'amélioration exponentielle de la puissance de calcul. Ce qui était autrefois l'apanage de chercheurs hautement spécialisés est désormais accessible aux passionnés et aux artistes du monde entier. Les machines sont devenues des partenaires collaboratifs dans les efforts de création, démocratisant la production artistique d'une manière jusqu'alors inimaginable.

Notre exploration commence par un contexte historique, comprenant l'évolution de l'IA générative depuis ses fondements théoriques jusqu'à ses applications pratiques actuelles. Cette perspective historique permet non seulement de comprendre le chemin parcouru, mais aussi d'apprécier les nuances des techniques et des outils modernes de l'IA.

Sans trop en dévoiler, abordons brièvement ce que vous rencontrerez dans les chapitres suivants. En commençant par les principes fondamentaux de l'apprentissage automatique, nous aborderons les bases avant de plonger dans des architectures plus spécialisées comme les réseaux neuronaux. Ces réseaux constituent l'épine dorsale de l'IA générative, permettant aux modèles d'imiter l'apprentissage et la créativité à l'échelle humaine. Une attention particulière sera accordée aux réseaux adversoriels génératifs (GAN) et aux autoencodeurs variationnels (VAE), qui sont les piliers de l'art génératif. De la configuration de votre espace de travail à la mise en œuvre de votre premier modèle, des guides complets vous aideront à chaque étape. Compte tenu de l'importance des données, la collecte et la préparation des données feront également l'objet d'une discussion approfondie. Vous apprendrez comment obtenir et gérer les données de manière éthique, en veillant à ce que vos créations respectent les normes juridiques et sociétales.

Le cœur de l'IA générative réside dans ses applications. Imaginez un monde où les machines génèrent des œuvres d'art visuel époustouflantes, composent de la musique qui vous touche en plein cœur, ou encore créent des environnements immersifs pour les jeux vidéo et la réalité virtuelle. Les chapitres consacrés à la création d'œuvres d'art, de musique et d'installations interactives présenteront des techniques et offriront des conseils pratiques pour donner vie à vos propres créations alimentées par l'IA.

Qu'en est-il de l'impact sociétal ? Il est essentiel de se pencher sur les implications plus larges de cette technologie. Les considérations éthiques, les questions de propriété et l'évolution du paysage de la critique artistique de l'IA sont abordées dans des chapitres dédiés. Alors que l'IA générative continue de brouiller les frontières entre la créativité humaine et celle de la machine, il devient primordial de comprendre ces questions.

Des applications du monde réel et des études de cas inspirantes parsèment l'ouvrage, mettant en lumière des projets et des artistes remarquables qui ont été les pionniers de cet espace. Leurs histoires sont à la fois une source d'inspiration et de précieuses leçons, illustrant ce qui est possible lorsque la créativité humaine est associée à l'intelligence de la machine.

Pour ceux qui sont prêts à se plonger dans des projets pratiques, des guides pratiques fourniront des instructions étape par étape pour lancer votre voyage dans l'art de l'IA. Vous trouverez des ressources, des modèles et des conseils de dépannage pour continuer à avancer.

Comme si cela ne suffisait pas, nous explorerons le monde de la monétisation de l'art de l'IA, des licences et des ventes aux méthodes innovantes telles que le crowdfunding et le parrainage. Notre objectif est de vous donner les moyens non seulement de créer, mais aussi de partager et de soutenir votre travail. Enfin, nous nous tournons vers l'avenir, en prédisant les tendances et les technologies émergentes qui pourraient révolutionner le domaine de l'IA générative.

En conclusion, ce livre est plus qu'un manuel technique ; c'est une invitation à explorer les nouvelles frontières de la créativité. L'IA générative a comblé le fossé entre l'art et la science, et son potentiel ne cesse de croître. À la fin de ce voyage, vous aurez à la fois les connaissances et l'inspiration nécessaires pour contribuer à ce domaine en pleine évolution, en créant des œuvres qui vous sont propres.

Préparez-vous donc à vous immerger dans le monde dynamique, inspirant et parfois déconcertant de l'IA générative. Votre voyage au confluent de la technologie et de la créativité commence ici, et la seule limite est votre imagination.

Chapitre 1 :
Qu'est-ce que l'IA générative ?

L'IA générative représente une frontière naissante dans le domaine de l'intelligence artificielle, passant de la simple observation et analyse du monde à la création de nouveaux résultats imaginatifs. À la base, l'IA générative implique des algorithmes capables de produire un contenu original - de l'art et de la musique à la prose et au code - en apprenant des modèles à partir de données existantes. Elle exploite des modèles sophistiqués, tels que les réseaux neuronaux, pour générer des résultats qui reflètent souvent la créativité humaine. L'évolution de ces technologies promet non seulement d'améliorer l'expression artistique, mais aussi de la redéfinir, en offrant aux novices une porte d'entrée dans l'interaction captivante entre l'apprentissage automatique et la créativité. En nous plongeant dans l'histoire, la définition et les implications de l'IA générative, nous découvrirons le potentiel de transformation qui se trouve à l'intersection de l'innovation et de l'effort artistique.

L'IA générative est une technologie qui permet de générer des résultats reflétant souvent la créativité humaine.

Définir l'IA générative

Au fond, l'IA générative est un sous-domaine de l'intelligence artificielle axé sur la création de modèles capables de générer des résultats impossibles à distinguer de ceux créés par les humains. Mais qu'est-ce que cela signifie exactement ? Imaginez une IA capable de composer de la musique, de concevoir des images complexes ou même de rédiger une nouvelle. L'IA générative fait tout cela en apprenant des modèles à partir de données existantes et en utilisant ces connaissances pour créer un contenu nouveau et original. C'est fascinant et, pour ceux qui commencent à explorer ce domaine, c'est une porte ouverte sur les possibilités de la créativité des machines.

L'IA générative fonctionne en s'entraînant sur de grands ensembles de données, qui servent en quelque sorte d'inspiration créative. En analysant les paramètres, les styles et les éléments essentiels présents dans les données, ces modèles d'IA apprennent les détails nuancés qui rendent une œuvre d'art ou un texte unique. Une fois entraînés, ces modèles peuvent alors produire de nouveaux contenus dans un style similaire, souvent avec un niveau de créativité qui peut surprendre même les artistes ou les écrivains les plus chevronnés. Cette approche est fondamentalement différente des modèles d'IA traditionnels qui se concentrent sur des tâches telles que la reconnaissance d'images ou la traduction de langues, qui sont davantage axées sur la classification et la prédiction que sur la création.

Imaginez un artiste virtuel qui a étudié des milliers de peintures classiques. Cet artiste virtuel peut ensuite produire une toute nouvelle peinture qui capture l'essence de n'importe quelle période artistique sélectionnée. C'est le type de capacité que l'IA générative apporte à la table. C'est comme si l'on disposait d'un assistant numérique qui non seulement comprend les œuvres passées, mais qui peut également contribuer à de futurs projets créatifs.

L'une des principales méthodes utilisées dans l'IA générative est connue sous le nom de réseaux adversoriels génératifs (GAN). Les GAN se composent de deux réseaux neuronaux : un générateur et un discriminateur. Le générateur crée le contenu tandis que le discriminateur l'évalue. Grâce à ce processus contradictoire, le générateur améliore continuellement ses créations, les rendant de plus en plus réalistes. Ce jeu de surenchère entre les deux réseaux aboutit à des résultats qui peuvent être étonnants par leur fidélité aux œuvres créées par l'homme. Cependant, nous approfondirons les GAN dans un chapitre ultérieur.

Les autoencodeurs variationnels (VAE) constituent une autre approche importante dans le cadre de l'IA générative. Les VAE codent les données dans un espace latent, puis les décodent pour recréer les données d'origine. En modifiant cet espace latent au cours du processus, les VAE peuvent générer des instances de données entièrement nouvelles qui reprennent les caractéristiques de l'ensemble de données d'origine. Les VAE offrent un moyen structuré de comprendre la distribution sous-jacente des données et de générer de nouveaux points de données en conséquence. Elles permettent de trouver un équilibre entre la capture de la variance d'un ensemble de données et la génération de résultats cohérents et significatifs.

Le paysage plus large des modèles génératifs ne s'arrête pas aux GAN et aux VAE. D'autres techniques incluent les modèles autorégressifs et les modèles basés sur les flux, chacun ayant ses propres stratégies pour créer un contenu nouveau et diversifié. Les modèles autorégressifs génèrent des données étape par étape, chaque étape étant conditionnée par les précédentes, ce qui permet de produire des séquences très cohérentes telles que du texte ou de la musique. Les modèles basés sur le flux, quant à eux, utilisent des transformations inversibles pour faire correspondre les données à un espace latent, offrant une voie de génération différente, mathématiquement élégante et efficace.

Ce qui distingue l'IA générative est son incroyable polyvalence. Alors que l'IA traditionnelle est souvent limitée par des règles et des résultats prédéfinis, l'IA générative peut explorer les territoires inexplorés de la créativité. Par essence, elle ne se contente pas de résoudre des problèmes ; elle crée de nouvelles choses dont nous ne saviens pas que nous avions besoin. Qu'il s'agisse de générer des photographies synthétiques mais réalistes, de créer de nouvelles compositions musicales ou de rédiger des articles, l'IA générative repousse les limites de ce que les machines peuvent accomplir. À mesure que ces modèles continueront d'évoluer, ils s'intégreront probablement de manière plus transparente dans divers domaines créatifs et professionnels. Qu'il s'agisse d'améliorer la capacité d'expression personnelle ou de révolutionner des secteurs tels que la conception, le divertissement et l'éducation, les applications sont multiples. Pensez à la façon dont les agences de publicité peuvent utiliser l'IA générative pour produire rapidement des campagnes sur mesure, ou à la façon dont les éducateurs peuvent déployer des contenus générés par l'IA et adaptés aux besoins d'apprentissage individuels. Les possibilités sont vastes et passionnantes.

L'IA générative trouve ses racines dans l'apprentissage automatique et les réseaux neuronaux, où l'accent est passé de la simple classification des données à leur création. Cette transition signifie que l'on passe d'une compréhension du monde uniquement par l'analyse à une contribution à celui-ci par la synthèse. Ce changement de paradigme dans les capacités de l'IA permet une interaction plus profonde entre les humains et les machines, favorisant une collaboration où les deux parties peuvent apporter leurs forces uniques.

Malgré ses nombreux avantages, l'IA générative pose également des défis. Les questions relatives aux droits d'auteur et à l'utilisation éthique du contenu généré sont importantes. La frontière entre ce qui est fabriqué par l'homme et ce qui est généré par l'IA peut s'estomper, ce qui soulève des questions sur l'authenticité et la propriété. Par exemple, si une IA compose un morceau de musique, qui détient les droits sur cette musique ? Le développeur, l'utilisateur ou l'IA elle-même ? Ce sont des questions que la société devra aborder au fur et à mesure que la technologie se répandra.

En outre, la qualité du contenu généré dépend fortement des données introduites dans les modèles. Les biais présents dans les données d'apprentissage peuvent conduire à des résultats biaisés, un problème qui peut s'étendre à l'art, au texte et à d'autres contenus générés. En tant que créateurs et conservateurs de cette technologie, nous devons être vigilants quant au type de données que nous utilisons et à la manière dont elles influencent nos modèles.

L'IA générative ouvre également la voie à des expériences personnalisées. Imaginez que l'on puisse adapter l'intrigue d'un livre aux préférences d'un lecteur ou personnaliser une œuvre d'art en fonction des goûts d'un individu. Ces touches personnalisées pourraient redéfinir les expériences des consommateurs, en rendant les interactions plus significatives et uniques. De telles capacités dynamiques offrent une approche plus inclusive de la créativité, en s'adaptant à un plus large éventail de goûts et de préférences.

En définitive, l'IA générative se situe au confluent de la technologie et de la créativité. Son potentiel de transformation des industries et de redéfinition de notre compréhension de la créativité est monumental. Pour les débutants et les enthousiastes, comprendre les principes fondamentaux de l'IA générative est la première étape vers l'exploitation de ce pouvoir de transformation. Il ne s'agit pas seulement d'apprendre comment ces modèles fonctionnent, mais aussi d'explorer la manière dont ils peuvent fonctionner pour vous, en donnant du pouvoir à vos idées et en amplifiant votre créativité.

Histoire et évolution

L'IA générative a des racines profondes dans la vaste tapisserie de la recherche sur l'intelligence artificielle. Le voyage a commencé au milieu du 20e siècle avec l'apparition des premiers algorithmes informatiques. Ceux-ci ont jeté les bases de ce qui allait devenir un domaine complexe et puissant de l'apprentissage automatique. Comprendre l'histoire de l'IA générative nous permet d'apprécier le chemin parcouru et la direction que nous pourrions prendre.

À ses débuts, la recherche en intelligence artificielle s'est concentrée sur l'IA symbolique, un contraste frappant avec ce que nous reconnaissons aujourd'hui comme des modèles génératifs. L'IA symbolique était basée sur des règles et nécessitait des instructions explicites pour résoudre les problèmes. Ces premiers systèmes étaient limités par leur incapacité à s'adapter et à apprendre à partir des données comme le fait l'IA générative moderne. Le développement des réseaux neuronaux dans les années 1950 et 1960 a marqué un tournant décisif. Les premiers pionniers, comme Frank Rosenblatt et son Perceptron, ont démontré qu'une machine pouvait apprendre à partir de données, même si c'était de manière limitée. Pendant de nombreuses années, les progrès ont stagné en raison de diverses limitations, notamment la puissance de calcul et le manque de données. Cette période, connue sous le nom d'"hiver de l'IA", a été marquée par une diminution de l'intérêt et du financement dans ce domaine. Ce n'est qu'à la fin des années 1980 et au début des années 1990 que la renaissance de l'IA a commencé, grâce aux progrès réalisés tant au niveau du matériel que des fondements théoriques. Les chercheurs ont découvert la rétropropagation, une méthode de formation des réseaux neuronaux multicouches, qui a ravivé l'optimisme et l'innovation dans le domaine.

Au milieu des années 2000, nous commençons à voir l'émergence des réseaux adversoriels génératifs (GAN), un concept révolutionnaire introduit par Ian Goodfellow et ses collègues en 2014. Les GAN ont fondamentalement transformé le paysage de l'IA générative en mettant en œuvre une approche à double modèle : un générateur et un discriminateur. Cette configuration permet au générateur de créer des données ressemblant aux données d'apprentissage, tandis que le discriminateur fait la distinction entre les données réelles et les données générées. Les deux modèles s'entraînent conjointement, améliorant continuellement leurs performances respectives.

L'introduction des GAN a ouvert la voie à une pléthore de modèles génératifs couvrant diverses applications. Les chercheurs ont rapidement commencé à tirer parti de cette architecture pour produire des images très réalistes, des vidéos réalistes et même des textes cohérents. Le potentiel créatif de l'IA générative semblait presque illimité.

Une autre étape importante dans l'histoire de l'IA générative a été le développement des autoencodeurs variationnels (VAE). Contrairement aux GAN, les VAE se concentrent sur l'apprentissage d'encastrements des données d'entrée qui permettent à la fois la reconstruction de l'entrée et la génération de nouveaux échantillons. Introduits par Kingma et Welling en 2014, les VAE ont joué un rôle essentiel dans la génération de données qui suivent la distribution de l'ensemble d'apprentissage, offrant ainsi un ensemble différent de capacités et de cas d'utilisation par rapport aux GAN.

L'évolution de l'IA générative doit également beaucoup à l'avènement d'ensembles de données à grande échelle et aux progrès rapides de la puissance de calcul. Les GPU et TPU à haute performance ont permis l'entraînement de modèles de plus en plus complexes sur des ensembles de données massifs. L'avènement du big data a fourni le carburant nécessaire à ces modèles pour apprendre des modèles complexes et générer des résultats de haute qualité. Avec l'essor du cloud computing, les chercheurs ont eu plus que jamais accès aux ressources informatiques, démocratisant le domaine et permettant à une communauté plus large de contribuer aux avancées.

Parallèlement aux avancées matérielles, l'évolution des outils logiciels et des frameworks a accéléré les progrès. Des bibliothèques comme TensorFlow, PyTorch et Keras ont simplifié le processus de construction et d'entraînement des modèles génératifs, le rendant plus accessible aux chercheurs et aux passionnés. Ces plateformes open-source sont devenues l'épine dorsale d'innombrables projets révolutionnaires, permettant aux idées de passer du concept à la mise en œuvre à des vitesses sans précédent.

Alors que nous nous aventurions dans les années 2020, les capacités de l'IA générative ont continué à s'étendre. Les modèles sont devenus de plus en plus sophistiqués, intégrant des techniques telles que les mécanismes d'attention et les transformateurs. Ces innovations ont donné naissance à des modèles de langage très performants tels que le GPT-3, capable de générer des textes de type humain avec une cohérence et une conscience du contexte impressionnantes. L'impact de ces modèles a été profond, influençant des secteurs allant du marketing au divertissement.

Le voyage de l'IA générative ne s'arrête pas là. Le rythme incessant de la recherche et du développement laisse penser que nous continuerons à assister à des avancées sans précédent. Les modèles hybrides qui combinent les forces de diverses architectures commencent déjà à prendre forme. En outre, les considérations éthiques et les implications sociétales de l'IA générative sont de plus en plus au cœur des débats et des recherches visant à rendre l'IA générative plus responsable et plus équitable.

L'optique historique et évolutive de l'IA générative sert non seulement de chronologie, mais aussi de récit de l'ingéniosité humaine et de la poursuite incessante de la créativité et de l'intelligence. Chaque étape franchie a ouvert la voie à des percées encore plus incroyables, ce qui en fait un domaine exaltant. En regardant vers l'avenir, les possibilités semblent illimitées, et le voyage de l'IA générative continue d'inspirer et de captiver l'imagination des enthousiastes comme des professionnels.

Il n'y a pas d'autre solution que de se tourner vers l'avenir.

Chapitre 2 :
Les bases de l'apprentissage automatique

L'apprentissage automatique est au cœur de l'IA générative, servant de moteur à la création de nouveaux contenus, souvent étonnamment innovants. Dans sa forme la plus élémentaire, l'apprentissage automatique consiste à enseigner aux ordinateurs à apprendre à partir de données et à prendre des décisions ou à faire des prédictions sur la base de ces informations. Imaginez que vous disposiez d'un énorme ensemble de données d'images, de textes ou de sons, et que vous entraîniez un algorithme à comprendre les modèles et à générer quelque chose d'entièrement nouveau à partir de ces exemples. Ce processus implique des concepts clés tels que les données d'entraînement, les algorithmes et l'évaluation des modèles, qui sont tous essentiels pour créer des systèmes capables d'effectuer des tâches complexes avec une précision impressionnante. Lorsque vous commencez à comprendre ces principes fondamentaux, il devient évident que l'apprentissage automatique passe d'un cadre théorique à un outil au potentiel créatif profond. Ce chapitre vous guidera à travers ces bases, établissant les fondements dont vous aurez besoin pour explorer le monde fascinant de l'IA générative.

Il n'y a pas d'autre solution que d'apprendre par soi-même.

Comprendre l'apprentissage automatique

L'apprentissage automatique constitue l'épine dorsale de l'IA générative, permettant aux machines d'apprendre à partir des données et de prendre des décisions avec une intervention humaine minimale. Mais avant de se plonger dans les applications, il est essentiel de comprendre ce qu'implique réellement l'apprentissage automatique. Imaginez que vous appreniez à un enfant à reconnaître différents animaux. Au fil du temps, avec suffisamment d'exemples et de corrections, l'enfant devient meilleur pour les identifier. De la même manière, les algorithmes d'apprentissage automatique améliorent leurs performances en étant exposés à davantage de données.

Au fond, l'apprentissage automatique consiste à introduire des quantités massives de données dans les algorithmes, ce qui permet à ces derniers de détecter des schémas et des relations dans les données. Ces modèles sont ensuite utilisés pour faire des prédictions ou prendre des décisions sans être explicitement programmés pour tous les scénarios possibles. Par exemple, un modèle d'apprentissage automatique formé sur des milliers d'images de chats peut distinguer les nouvelles images de chats des images de chiens qu'il n'a jamais vues auparavant.

L'apprentissage automatique est souvent divisé en trois types principaux : l'apprentissage supervisé, l'apprentissage non supervisé et l'apprentissage par renforcement. L'apprentissage supervisé implique la formation d'un algorithme sur un ensemble de données étiquetées. Par exemple, si vous souhaitez qu'un modèle reconnaisse des chiffres manuscrits, vous lui fournirez un ensemble de données composé d'images de chiffres manuscrits, chacun étiqueté avec le bon numéro. Le modèle apprend en comparant ses prédictions aux étiquettes et en s'adaptant en conséquence.

L'apprentissage non supervisé, quant à lui, traite des données non étiquetées. Dans ce cas, l'algorithme tente d'identifier les modèles et les structures inhérents aux données sans aucune instruction spécifique.

Cette approche est souvent utilisée dans les tâches de regroupement où l'objectif est de regrouper les points de données qui sont similaires les uns aux autres. Par exemple, la segmentation de la clientèle en marketing peut bénéficier de l'apprentissage non supervisé pour identifier des groupes distincts de clients en fonction de leur comportement d'achat.

Enfin, l'apprentissage par renforcement s'inspire de la psychologie comportementale et implique l'apprentissage par essais et erreurs. Un agent, placé dans un environnement, apprend à effectuer des tâches en recevant un retour d'information sous forme de récompenses ou de pénalités. Au fil du temps, il cherche à maximiser la récompense cumulée. L'une des applications les plus célèbres de l'apprentissage par renforcement est l'IA joueuse, comme AlphaGo, qui a appris à jouer au jeu de Go en jouant des millions de matchs contre elle-même.

Les données et les algorithmes sont au cœur de tous ces paradigmes d'apprentissage. Les données sont souvent considérées comme le "carburant" des modèles d'apprentissage automatique. La qualité, la quantité et la pertinence des données ont un impact direct sur les performances des modèles. D'autre part, les algorithmes agissent comme des "moteurs", traitant les données pour en extraire des modèles utiles. Les algorithmes peuvent être simples, comme la régression linéaire, ou complexes, comme les réseaux neuronaux profonds, qui imitent la structure du cerveau humain.

En plus des types d'apprentissage, la compréhension de concepts clés tels que l'ajustement excessif et l'ajustement insuffisant est cruciale pour quiconque s'intéresse à l'apprentissage automatique. Il y a surajustement lorsqu'un modèle apprend trop bien les données d'apprentissage, y compris le bruit, et ne parvient pas à se généraliser à de nouvelles données inédites. C'est un peu comme si un étudiant mémorisait les réponses au lieu de comprendre les concepts. Le sous-ajustement, à l'inverse, se produit lorsqu'un modèle est trop simple pour capturer la structure sous-jacente des données, ce qui entraîne de mauvaises performances à la fois sur les données d'apprentissage et les données de test. La régularisation ajoute une pénalité à la complexité du modèle, le décourageant de s'adapter au bruit. La validation croisée consiste à diviser les données en plusieurs sous-ensembles afin de s'assurer que le modèle fonctionne bien sur différents échantillons de données. L'ajustement des hyperparamètres consiste à trouver les meilleurs paramètres qui contrôlent le processus d'apprentissage.

Le choix de l'algorithme et de l'architecture du modèle joue également un rôle essentiel dans l'apprentissage automatique. Les modèles linéaires sont simples et efficaces sur le plan informatique, mais peuvent s'avérer insuffisants pour des tâches complexes. Les modèles non linéaires tels que les arbres de décision et les forêts aléatoires peuvent capturer des relations plus complexes, mais peuvent nécessiter davantage de calculs. Les réseaux neuronaux, en particulier les modèles d'apprentissage profond à couches multiples, ont connu un succès extraordinaire dans les tâches impliquant des images, du son et du texte, mais au prix d'une augmentation des ressources informatiques et de la complexité de la formation.

Au-delà des aspects techniques, le succès des projets d'apprentissage automatique dépend souvent du processus itératif de construction, d'évaluation et d'affinage des modèles. Ce processus commence généralement par la collecte et le prétraitement des données, ce qui inclut le nettoyage des données, le traitement des valeurs manquantes et l'ingénierie des caractéristiques. Vient ensuite l'entraînement des modèles, au cours duquel différents modèles sont entraînés et leurs performances évaluées à l'aide de mesures telles que l'exactitude, la précision, le rappel et le score F1, en fonction de la tâche à accomplir. Enfin, les modèles sont souvent déployés en production, où ils sont contrôlés et mis à jour au fur et à mesure que de nouvelles données sont disponibles.

Il ne s'agit pas seulement de choisir le bon algorithme ou de collecter davantage de données ; l'art de l'apprentissage automatique consiste à comprendre le problème en question et à concocter une stratégie appropriée pour le résoudre. Qu'il s'agisse de prédire le cours des actions, de diagnostiquer des maladies ou de créer de l'art génératif, l'apprentissage automatique offre une vaste boîte à outils qui, lorsqu'elle est utilisée à bon escient, permet d'obtenir des résultats remarquables.

Plusieurs outils et cadres ont démocratisé l'accès à l'apprentissage automatique, ce qui permet aux passionnés et aux débutants de s'y mettre plus facilement. Des outils populaires comme TensorFlow, PyTorch et Scikit-learn fournissent des bibliothèques robustes pour construire et former des modèles d'apprentissage automatique. En outre, des plateformes comme Jupyter Notebook permettent un codage interactif, ce qui est particulièrement utile pour expérimenter différents modèles et visualiser les résultats.

Bien entendu, l'apprentissage automatique n'existe pas dans le vide. Il s'appuie sur des théories statistiques et des principes informatiques. La compréhension de concepts tels que les distributions de probabilité, les algorithmes d'optimisation et la complexité informatique permet d'approfondir la compréhension et l'application des techniques d'apprentissage automatique. En outre, se tenir au courant des dernières recherches et méthodologies en suivant des revues réputées, en assistant à des conférences et en participant à des communautés en ligne peut contribuer de manière significative à la croissance d'une personne dans ce domaine. À mesure que nous en approfondissons les subtilités et que nous en explorons la myriade d'applications, l'apprentissage automatique promet de transformer les industries et d'ouvrir la voie à de nouvelles possibilités créatives. Qu'il s'agisse d'automatiser des tâches banales ou de repousser les limites de l'art et de la science, le voyage dans l'apprentissage automatique est aussi exaltant qu'instructif.

Il est donc fondamental de comprendre l'apprentissage automatique pour toute personne désireuse d'exploiter la puissance de l'IA générative. Elle fournit les connaissances et les outils essentiels nécessaires pour se lancer dans un voyage d'innovation et de créativité, en repoussant les limites de ce que les machines peuvent réaliser aux côtés des humains. En maîtrisant ces notions de base, vous êtes sur la bonne voie pour explorer et créer des œuvres impressionnantes grâce à l'IA générative.

L'apprentissage automatique est un outil essentiel pour toute personne désireuse d'exploiter la puissance de l'IA générative.

Concepts et terminologies clés

Pour comprendre le monde de l'apprentissage automatique, il faut se familiariser avec les différents termes et concepts fondamentaux. L'apprentissage automatique, un sous-ensemble de l'intelligence artificielle, permet aux systèmes d'apprendre à partir de données, d'identifier des modèles et de prendre des décisions sans programmation explicite. Au cœur de cette discipline se trouvent une série de concepts et de terminologies clés, chacun d'entre eux étant essentiel pour saisir la situation dans son ensemble et s'engager de manière créative dans l'IA générative.

Algorithme: Un algorithme est un ensemble de règles ou d'instructions données à une machine pour l'aider à accomplir une tâche spécifique. Il s'agit en quelque sorte d'une recette ; tout comme une recette guide un chef dans la création d'un plat, un algorithme guide un ordinateur dans la résolution d'un problème ou l'exécution d'un calcul. Dans l'apprentissage automatique, les algorithmes sont utilisés pour extraire des modèles des données.

Données de formation et données de test: Les données de formation et les données de test sont deux types de données essentielles utilisées dans l'apprentissage automatique. Les *données de formation* sont l'ensemble de données sur lequel le modèle est formé, c'est-à-dire à partir duquel le modèle apprend les modèles et les relations. En revanche, les *données de test* sont un ensemble de données distinct utilisé pour évaluer les performances du modèle. Cette distinction garantit que le modèle peut généraliser son apprentissage à de nouvelles données inédites.

Modèle: En apprentissage automatique, un modèle est une représentation mathématique d'un processus du monde réel. Il est construit en entraînant un algorithme sur des données historiques et est utilisé pour faire des prédictions ou prendre des décisions. Les modèles peuvent varier en termes de complexité et de quantité de données nécessaires pour être efficaces.

Caractéristiques et étiquettes: Les caractéristiques sont les variables d'entrée utilisées pour faire des prédictions. Par exemple, pour prédire les prix des logements, les caractéristiques peuvent inclure la superficie, le nombre de chambres et la qualité du voisinage. L'étiquette, quant à elle, est la variable de sortie que le modèle vise à prédire - dans ce cas, le prix du logement.

L'apprentissage supervisé: L'apprentissage supervisé est un type de tâche d'apprentissage automatique dans lequel le modèle est formé sur des données étiquetées. L'ensemble de données de formation comprend à la fois les caractéristiques d'entrée et les étiquettes de sortie correctes. L'objectif est de permettre au modèle d'apprendre la correspondance entre les entrées et les sorties et de faire des prédictions précises sur de nouvelles données inédites.

Apprentissage non supervisé: Contrairement à l'apprentissage supervisé, l'apprentissage non supervisé implique la formation d'un modèle sur des données qui ne comportent pas d'étiquettes. Le modèle tente de découvrir des modèles intrinsèques dans les données. Une application courante est le clustering, où le modèle regroupe des points de données similaires.

Overfitting et Underfitting: L'overfitting se produit lorsqu'un modèle apprend trop bien le bruit dans les données de formation, ce qui conduit à d'excellentes performances sur les données de formation mais à une mauvaise généralisation à de nouvelles données. Il y a sous-adaptation lorsque le modèle est trop simple pour saisir les tendances sous-jacentes des données, ce qui se traduit par des performances médiocres sur les ensembles d'apprentissage et de test. Il est essentiel de trouver le bon équilibre pour un apprentissage automatique efficace.

Réseaux neuronaux: Les réseaux neuronaux sont une classe de modèles inspirés de la structure et de la fonction du cerveau humain. Ils se composent de couches de nœuds ou de neurones interconnectés, chacun effectuant un calcul simple. Lorsqu'ils sont combinés, ces neurones peuvent modéliser des modèles complexes dans les données. Les réseaux neuronaux sont particulièrement puissants pour des tâches telles que la reconnaissance d'images et de la parole.

Fonction d'activation: Au sein d'un réseau neuronal, une fonction d'activation détermine si un neurone doit être activé en fonction de la somme pondérée de ses entrées. Les fonctions d'activation les plus courantes sont sigmoïde, tanh et ReLU (Rectified Linear Unit). Le choix de la fonction d'activation peut avoir un impact significatif sur les performances du réseau.

Gradient Descent: La descente de gradient est un algorithme d'optimisation utilisé pour minimiser l'erreur ou la fonction de perte dans les modèles d'apprentissage automatique. Il fonctionne en ajustant itérativement les paramètres du modèle dans la direction qui réduit le plus l'erreur, sur la base du gradient de la fonction de perte.

Fonction de perte: Une fonction de perte, également connue sous le nom de fonction de coût ou d'objectif, quantifie la différence entre les sorties prédites par le modèle et les cibles réelles. L'objectif de la formation est de minimiser cette perte et d'améliorer ainsi la précision du modèle. Les fonctions de perte courantes comprennent l'erreur quadratique moyenne (pour les tâches de régression) et la perte d'entropie croisée (pour les tâches de classification).

Hyperparamètres: Les hyperparamètres sont des paramètres ajustables qui régissent le processus de formation du modèle d'apprentissage automatique. Contrairement aux paramètres du modèle, qui sont appris pendant la formation, les hyperparamètres sont définis avant le début du processus d'apprentissage. Le taux d'apprentissage, la taille du lot et le nombre de couches d'un réseau neuronal en sont des exemples.

Epoque: Une époque correspond à un passage complet dans l'ensemble de données de formation. Au cours de la formation, un modèle est généralement exposé plusieurs fois à l'ensemble de données et chacun de ces passages complets est appelé une époque. Le nombre d'époques peut affecter la durée de la formation et la précision du modèle.

Bias et Variance: Il s'agit de concepts essentiels pour comprendre les performances d'un modèle.

Validation croisée: Il s'agit d'une technique utilisée pour évaluer les performances d'un modèle d'apprentissage automatique. Elle consiste à diviser les données en sous-ensembles, à entraîner le modèle sur certains sous-ensembles et à le valider sur d'autres. Ce processus est répété plusieurs fois et la moyenne des résultats est calculée pour obtenir une estimation plus fiable des performances.

Régularisation: Les techniques de régularisation sont utilisées pour empêcher le surajustement en ajoutant une pénalité à la fonction de perte en fonction de la complexité du modèle. Les méthodes de régularisation courantes comprennent la régularisation L1 (Lasso) et L2 (Ridge), qui peut réduire les paramètres contribuant à la complexité.

En saisissant ces concepts et terminologies clés, vous posez les bases d'une exploration plus approfondie du monde de l'IA générative. Chaque terme, bien que fondamental en soi, est relié aux autres pour former un cadre cohérent qui vous permet non seulement de comprendre le fonctionnement des modèles d'apprentissage automatique, mais aussi de repousser les limites de ce qu'il est possible de faire de manière créative avec ces outils puissants. Au fur et à mesure que nous avançons, gardez ces idées fondamentales à l'esprit : elles constitueront les éléments essentiels de votre voyage vers les possibilités innovantes offertes par l'IA générative.

Chapitre 3 :
Réseaux neuronaux

A mesure que nous nous enfonçons dans le domaine de l'IA générative, il devient indispensable de comprendre les réseaux neuronaux. Les réseaux neuronaux constituent le fondement de l'IA moderne et s'inspirent du réseau complexe de neurones du cerveau humain. Ils sont composés de plusieurs couches, chacune conçue pour traiter des données et extraire des caractéristiques, ce qui permet à l'IA de reconnaître des modèles et de prendre des décisions. Au fond, les réseaux neuronaux transforment les données d'entrée en données de sortie significatives grâce à une série de connexions et d'activations pondérées. Ce processus de transformation permet à l'IA générative de créer des images étonnantes, de composer de la musique et même de générer des textes cohérents, repoussant ainsi les limites du possible. En saisissant les principes fondamentaux des réseaux neuronaux, vous serez mieux équipé pour explorer leur vaste potentiel créatif et stimuler les innovations dans les domaines de l'art, de la technologie et au-delà. La lecture de ce chapitre vous éclairera sur le fonctionnement de ces neurones numériques, ouvrant la voie à une exploration plus approfondie dans les chapitres suivants.

Les réseaux neuronaux sont une source d'inspiration et d'inspiration pour les chercheurs.

Introduction aux réseaux neuronaux

Les réseaux neuronaux constituent l'épine dorsale de l'intelligence artificielle moderne et la pierre angulaire de l'apprentissage automatique. Mais de quoi s'agit-il exactement ? Par essence, les réseaux neuronaux sont une série d'algorithmes qui s'efforcent de reconnaître des modèles à partir d'ensembles de données. Ils interprètent les données sensorielles par le biais d'une sorte de perception, d'étiquetage ou de regroupement des données brutes. Tout comme notre cerveau humain interprète les données à l'aide d'un réseau de neurones, ces réseaux neuronaux imitent cette structure, mais d'une manière extrêmement simplifiée et abstraite.

Le concept de réseaux neuronaux n'est pas aussi nouveau qu'on pourrait le penser. Il remonte aux années 1940, lorsque des chercheurs pionniers ont jeté les bases de ce qui allait devenir les modèles sophistiqués que nous utilisons aujourd'hui. Si les premiers réseaux neuronaux étaient limités par la technologie de l'époque, les travaux théoriques ont continué à progresser, aboutissant aux cadres avancés que nous utilisons aujourd'hui dans diverses applications.

Un aspect essentiel des réseaux neuronaux est leur structure, qui se compose de couches de nœuds. Chaque nœud, ou neurone, effectue un calcul simple dont la sortie est transmise à la couche suivante. En règle générale, un réseau neuronal comporte trois types de couches : les couches d'entrée, les couches cachées et les couches de sortie. La couche d'entrée reçoit les données initiales, les couches cachées effectuent des calculs intermédiaires et la couche de sortie génère la prédiction ou la classification finale.

On peut se demander comment les réseaux neuronaux "apprennent". Ce processus d'apprentissage consiste à ajuster les poids des connexions entre les neurones afin de minimiser la différence entre la sortie prédite et la sortie réelle. Cette méthode, connue sous le nom de rétropropagation, décompose les données d'entrée complexes en plusieurs couches de traitement, ce qui permet d'obtenir des prédictions de plus en plus fines. Le processus d'apprentissage des réseaux neuronaux est souvent supervisé, ce qui signifie que le modèle est formé à l'aide d'un ensemble de données étiquetées afin d'apprendre la correspondance entre l'entrée et la sortie. Par exemple, un réseau neuronal formé à la reconnaissance d'images de chats peut se voir présenter des milliers d'images étiquetées "chat" ou "pas chat". Au fil du temps, il ajuste ses paramètres pour améliorer sa capacité à distinguer les deux catégories. Ce processus itératif d'apprentissage et de correction est ce qui permet aux réseaux neuronaux de devenir remarquablement efficaces dans l'accomplissement de tâches complexes.

Toutefois, les réseaux neuronaux ne se limitent pas à l'apprentissage supervisé. Ils peuvent également apprendre dans des cadres non supervisés ou semi-supervisés, où ils identifient des modèles et des structures à partir de données sans étiquettes explicites. Cela est particulièrement utile dans les scénarios où les données étiquetées sont rares ou coûteuses à obtenir. Par exemple, les algorithmes de regroupement peuvent regrouper des éléments similaires sans savoir à l'avance ce que sont ces éléments, découvrant ainsi des structures cachées dans les données.

Au fond, les réseaux neuronaux s'inspirent des réseaux neuronaux biologiques du cerveau humain. Mais alors que les neurones biologiques sont complexes et fonctionnent électriquement grâce au flux d'ions, les neurones artificiels sont des fonctions mathématiques qui convertissent les entrées de données en sorties grâce à des connexions pondérées. Cette abstraction permet aux réseaux neuronaux d'être mis en œuvre dans des ordinateurs et d'être appliqués à un large éventail de problèmes, de la reconnaissance d'images au traitement du langage naturel.

En ce qui concerne le traitement du langage naturel, les réseaux neuronaux ont révolutionné la manière dont les machines comprennent et génèrent le langage humain. Avec l'avènement d'architectures plus complexes telles que les réseaux neuronaux récurrents (RNN) et les transformateurs, ils ont permis des percées dans la génération de texte, la traduction et l'analyse des sentiments. Ces modèles avancés peuvent capturer le contexte et la sémantique d'une manière inimaginable auparavant, ouvrant ainsi de nouvelles voies à la créativité et à la productivité.

Au fur et à mesure que nous approfondissons le monde des réseaux neuronaux, il devient évident qu'ils sont essentiels à l'IA générative. Les modèles génératifs, tels que les réseaux adversaires génératifs (GAN) et les autoencodeurs variationnels (VAE), exploitent la puissance des réseaux neuronaux pour créer de nouvelles données à partir de modèles appris. En comprenant les principes qui régissent les réseaux neuronaux, on comprend mieux le fonctionnement de ces modèles génératifs et le potentiel qu'ils recèlent pour des applications créatives.

En plus de leurs prouesses techniques, les réseaux neuronaux ont entraîné un changement de paradigme dans la façon dont nous abordons la résolution de problèmes. Ils ont démontré qu'avec suffisamment de données et de puissance de calcul, les machines peuvent atteindre et parfois dépasser les performances humaines dans des tâches spécifiques. Cela a donné lieu à des innovations passionnantes dans des domaines aussi divers que les soins de santé, la finance et les loisirs. Les réseaux neuronaux sont utilisés pour prédire les résultats des patients, classer les images médicales et même aider à la découverte de médicaments. En analysant de grandes quantités de données, ils peuvent mettre en évidence des schémas et des idées qui pourraient échapper à des experts humains. Cela permet non seulement de rationaliser les processus de diagnostic, mais aussi d'ouvrir la voie à des plans de traitement personnalisés, améliorant ainsi les soins et les résultats pour les patients.

Dans le monde de la finance, les réseaux neuronaux transforment le paysage grâce à des applications dans la détection des fraudes, le trading algorithmique et la gestion des risques. En apprenant à partir de données historiques, ces modèles peuvent détecter des anomalies, prédire les tendances du marché et prendre des décisions d'investissement avec une précision sans précédent. Cela a des répercussions importantes sur l'amélioration de la sécurité financière et l'optimisation des stratégies d'investissement.

Mais l'impact des réseaux neuronaux ne se limite pas aux seules applications pratiques. Ils sont devenus la pierre angulaire de la technologie créative, permettant aux artistes et aux concepteurs d'explorer de nouvelles formes d'expression. Qu'il s'agisse de générer de la musique, de créer des œuvres d'art visuel ou de concevoir des expériences interactives, les réseaux neuronaux repoussent les limites de ce qui est possible lorsque la créativité humaine rencontre l'intelligence de la machine.

Alors que nous continuons à progresser dans ce domaine, il est crucial de rester conscient des considérations éthiques qui entourent l'utilisation des réseaux neuronaux. Les questions de partialité, de transparence et de responsabilité doivent être abordées pour garantir que ces technologies sont utilisées de manière responsable et équitable. En favorisant dès maintenant la compréhension de ces principes, nous pouvons atténuer les pièges potentiels et exploiter le potentiel de transformation des réseaux neuronaux pour le bien de tous.

En résumé, les réseaux neuronaux sont une technologie transformatrice qui a fondamentalement changé notre approche de la résolution de problèmes et de la créativité. La compréhension de leur structure, de leurs mécanismes d'apprentissage et de leurs vastes applications constitue une base solide pour toute personne intéressée par le domaine de l'IA générative. Il ne s'agit pas seulement d'algorithmes ; ce sont des outils qui imitent certains aspects de l'intelligence humaine, permettant aux machines d'apprendre, de s'adapter et de générer à mesure que nous repoussons les limites de ce qui est possible en matière d'intelligence artificielle.

Réseaux neuronaux

Types de réseaux neuronaux

Les réseaux neuronaux se présentent sous différentes formes et architectures, chacune étant conçue pour résoudre des types de problèmes spécifiques. Si tous les réseaux neuronaux reposent sur les mêmes principes fondamentaux, les différences de conception et d'application ont un impact profond sur leurs performances et leur adéquation à différentes tâches.

L'un des types de réseaux neuronaux les plus simples est le **réseau neuronal à anticipation**. Il s'agit du modèle classique que la plupart des gens imaginent lorsqu'ils pensent aux réseaux neuronaux. Dans un réseau feedforward, les données circulent dans une seule direction, de l'entrée à la sortie, en passant par plusieurs couches cachées. Ces réseaux sont couramment utilisés pour des tâches telles que la classification et la régression en raison de leur structure simple mais efficace.

Comme leur nom l'indique, les **réseaux neuronaux convolutifs (CNN)** introduisent une couche convolutive particulièrement bien adaptée au traitement des données en grille telles que les images. Chaque couche convolutive applique des filtres ou des noyaux à l'entrée, capturant des caractéristiques telles que les bords, les textures et les couleurs. Cela rend les CNN incroyablement efficaces pour la reconnaissance d'images, la détection d'objets et même les tâches de traitement vidéo. Les couches convolutives sont suivies de couches de mise en commun pour réduire les dimensions spatiales, en conservant les caractéristiques les plus essentielles et en rendant le réseau plus efficace.

En revanche, les **réseaux neuronaux récurrents (RNN)** sont conçus pour traiter des données séquentielles, ce qui les rend idéaux pour les tâches impliquant des séries temporelles ou le traitement du langage naturel. Contrairement aux réseaux de type feedforward, les RNN ont des connexions qui forment des cycles dirigés, ce qui leur permet de conserver une "mémoire" des entrées précédentes. Cette boucle de rétroaction permet aux RNN de prendre en compte la dynamique temporelle des données, ce qui est crucial pour des applications telles que la traduction linguistique, la reconnaissance vocale et la génération de texte. Cependant, les RNN standard ont parfois du mal à gérer les dépendances à long terme, lorsque l'écart entre l'information pertinente et le point de besoin est important.

Pour résoudre ce problème, des variantes telles que les réseaux à **longue mémoire à court terme (LSTM)** et les **Gated Recurrent Units (GRUs)** ont été mises au point. Ces RNN spécialisés intègrent des mécanismes de contrôle qui améliorent leur capacité à se souvenir et à oublier des informations de manière sélective. En gérant plus efficacement le flux d'informations, les LSTM et les GRU sont devenus des choix populaires pour les tâches de données séquentielles avancées, de l'analyse de texte détaillée à la prévision de séries temporelles complexes.

Les autoencodeurs représentent une autre catégorie fascinante de réseaux neuronaux destinés à l'apprentissage non supervisé. Ces réseaux se composent d'un encodeur et d'un décodeur, qui travaillent ensemble pour compresser les données dans une représentation de dimension inférieure, puis les reconstruire. Les autoencodeurs excellent dans des tâches telles que le débruitage des données, la réduction de la dimensionnalité et la détection des anomalies.

Lorsqu'ils sont associés à des techniques d'apprentissage profond, ils peuvent même générer de nouvelles données, ce qui joue un rôle central dans diverses applications d'IA générative.

Les réseaux à fonction de base radiale (RBFN) ne sont peut-être pas aussi largement connus, mais ils présentent des atouts uniques dans certaines applications. Ces réseaux utilisent des fonctions de base radiales comme fonctions d'activation, ce qui les rend aptes aux tâches de classification. Les RBFN sont généralement des structures à trois couches comprenant une couche d'entrée, une couche cachée à base radiale et une couche de sortie. Ils excellent dans les scénarios où l'interpolation dans un espace multidimensionnel est nécessaire, offrant des avantages en matière de reconnaissance des formes et d'approximation des fonctions.

Poussant les limites plus loin, les **réseaux de transformateurs** ont révolutionné les tâches de traitement du langage naturel. Contrairement aux RNN, les transformateurs ne traitent pas les données dans l'ordre, mais exploitent un mécanisme d'attention qui leur permet d'évaluer l'importance des différentes parties des données d'entrée, quelle que soit leur position. Cette innovation a permis à des modèles tels que BERT, GPT-3 et T5 d'être très efficaces dans des tâches telles que la traduction de langues, la réponse à des questions et la génération de textes. Les transformateurs ont même fait des progrès dans le traitement des images et dans d'autres domaines, démontrant ainsi leur polyvalence.

N'oublions pas les **réseaux neuronaux graphiques (GNN)**. Ces réseaux étendent la puissance des réseaux neuronaux aux données structurées en graphe, qui sont courantes dans les réseaux sociaux, l'analyse des molécules et les systèmes de transport. Les réseaux neuronaux peuvent raisonner sur les relations et les interactions entre les entités, ce qui les rend indispensables pour les tâches qui tournent autour de l'analyse des réseaux, des systèmes de recommandation et même de la découverte de médicaments.

Une autre catégorie notable est le **réseau adversarial génératif (GAN)**, composé de deux sous-réseaux - le générateur et le discriminateur - opposés l'un à l'autre. Le générateur crée des échantillons de données, tandis que le discriminateur les évalue. Grâce à ce processus contradictoire, les GAN peuvent générer des données très réalistes, couvrant des applications telles que la synthèse d'images, la création musicale et la génération de textes. Leur capacité à produire des données nouvelles et inédites a ouvert des possibilités créatives remarquables.

Enfin, les **autocodeurs variationnels (VAE)** apportent une touche probabiliste au modèle de l'autocodeur. Les VAE encodent les données d'entrée dans une distribution plutôt que dans un point fixe, ce qui permet une représentation plus nuancée des données. Ce cadre probabiliste permet aux VAE de générer de nouveaux échantillons de données similaires aux données d'apprentissage, contribuant ainsi de manière significative au domaine de l'IA générative. Les VAE ont trouvé des applications dans des tâches telles que la synthèse d'images et de la parole, fournissant un cadre robuste pour les efforts créatifs de l'IA.

En conclusion, la diversité des types de réseaux neuronaux offre une riche boîte à outils pour aborder un éventail de problèmes. Des tâches simples telles que la classification aux tâches génératives complexes, les architectures spécialisées de ces réseaux permettent d'explorer et d'innover de manière inimaginable auparavant. Comme vous venez de le voir, chaque type de réseau neuronal apporte ses propres atouts, ce qui ouvre d'innombrables possibilités pour résoudre des problèmes pratiques et repousser les limites de la créativité avec l'IA générative.

Chapitre 4 :
Introduction aux GANs

Dans le paysage dynamique de l'intelligence artificielle générative, les Generative Adversarial Networks (GANs) représentent l'une des avancées les plus révolutionnaires et les plus intrigantes. Conceptualisés par Ian Goodfellow et ses collègues en 2014, les GAN ont révolutionné la manière dont les machines créent en opposant deux réseaux neuronaux : un générateur et un discriminateur. Cette configuration contradictoire engendre une dynamique unique où le générateur fabrique des données qui pourraient passer pour réelles, tandis que le discriminateur vise à distinguer les données authentiques des fabrications du générateur. L'interaction entre ces deux réseaux donne lieu à des créations d'un réalisme saisissant, allant d'images hyperréalistes à des deepfakes audio convaincants. Les GAN ont non seulement repoussé les limites de ce que les machines peuvent générer, mais ils ont également inspiré une vague d'exploration créative dans divers domaines tels que l'art, la musique et même la conception de jeux. Ces modèles offrent un aperçu puissant d'un avenir où les algorithmes collaborent autant qu'ils calculent, forgeant de nouveaux domaines de l'art et de l'innovation numériques.

Qu'est-ce que les GAN ?

Les réseaux adversaires génératifs, ou GAN, sont un cadre révolutionnaire dans le domaine de l'intelligence artificielle, présenté pour la première fois par Ian Goodfellow et ses collègues en 2014.

Largement considérés comme l'une des avancées les plus significatives dans le domaine de l'intelligence artificielle, les GAN ont révolutionné notre approche de l'apprentissage automatique et de la génération de données. Leur concept de base est élégamment simple mais profondément puissant : un système de deux réseaux neuronaux, appelés le générateur et le discriminateur, se livrent à un duel théorique pour créer des données impossibles à distinguer des données réelles.

Le rôle du générateur est de produire des données, qu'il s'agisse d'images, de musique ou de texte, qui imitent les échantillons du monde réel. De l'autre côté, le discriminateur a pour mission d'évaluer l'authenticité de ces données, en faisant la distinction entre les échantillons authentiques et les échantillons générés. Au fur et à mesure qu'ils s'affrontent, les deux réseaux s'améliorent, jusqu'à ce que le générateur devienne remarquablement habile à produire des données réalistes au fil du temps. Cette interaction dynamique est la pierre angulaire des GAN.

Par essence, un GAN synthétise de nouvelles données à partir de zéro. Imaginez une IA créant une peinture remarquablement réaliste, composant de la musique ou même rédigeant des poèmes qui pourraient tromper les critiques humains. Il ne s'agit pas d'une simple prouesse informatique, mais d'une évolution de la créativité et de l'innovation. Les GAN permettent aux machines d'étendre l'imagination humaine, en produisant des œuvres d'art et des artefacts auparavant limités par l'effort et le temps de l'homme.

Pour les débutants et les enthousiastes, le concept peut sembler complexe au départ. Pour simplifier, considérons l'analogie suivante : imaginons un faussaire essayant de créer une peinture parfaitement contrefaite et un expert en art dont le seul but est de détecter la contrefaçon. À chaque nouvelle tentative du faussaire, l'expert devient meilleur pour repérer les faux et, parallèlement, les compétences du faussaire s'améliorent au point que leurs créations peuvent être impossibles à distinguer des originaux. Ce processus d'apprentissage mutuellement bénéfique résume l'essence des GAN.

Les applications potentielles des GAN sont nombreuses et variées. Dans le domaine de la vision par ordinateur, ils peuvent améliorer la résolution des images, transformer des photographies en styles artistiques spécifiques et même coloriser des images en noir et blanc. Au-delà des images, les GAN étendent leurs prouesses à la génération de discours humains, à la création d'environnements virtuels réalistes dans les jeux et à la révolution de domaines tels que la médecine en simulant des données biologiques sophistiquées pour la recherche et l'analyse.

Mais ne négligeons pas l'élément fascinant de la créativité. Les GAN ont été à l'avant-garde de l'art piloté par l'IA, qu'il s'agisse de générer des paysages surréalistes ou de créer des portraits qui remettent en question notre perception de l'art lui-même. Ils offrent aux artistes et aux créateurs un moyen d'expression entièrement nouveau, où la collaboration entre l'intuition humaine et la précision de la machine donne lieu à des expressions artistiques inégalées.

Si l'attrait des GAN réside dans leurs capacités créatives, il est également essentiel de comprendre leurs mécanismes sous-jacents. Le générateur et le discriminateur s'appuient tous deux sur des réseaux neuronaux, qui sont entraînés par rétropropagation et descente de gradient - des termes qui vous sont peut-être familiers en raison des chapitres précédents sur l'apprentissage automatique et les réseaux neuronaux. Grâce à cet entraînement, le générateur fabrique des échantillons de données, en essayant de tromper le discriminateur. Inversement, le discriminateur améliore sa capacité à discerner le vrai du faux jusqu'à ce qu'un équilibre soit atteint.

Cette danse complexe est sous-tendue par le jeu dit "min-max". Le générateur cherche à minimiser la capacité du discriminateur à classer correctement les faux, tandis que le discriminateur s'efforce de maximiser sa précision. Mathématiquement, cela se traduit par une fonction de perte que les deux réseaux optimisent, créant une confluence où ils progressent et s'améliorent continuellement.

On peut se demander s'il existe un équilibre entre l'obtention d'un hyperréalisme et le maintien de l'efficacité informatique ? Il s'agit là d'un domaine de recherche et d'innovation permanent. Par exemple, les chercheurs ont mis au point diverses architectures et techniques pour rendre les GAN plus efficaces et plus polyvalents. Des techniques telles que les GAN de Wasserstein (WGAN) introduisent des modifications au cadre original afin d'améliorer la stabilité de l'apprentissage et la qualité des résultats générés.

Néanmoins, le voyage avec les GAN est rempli à la fois d'excitation et de défis. L'un des principaux obstacles rencontrés par les praticiens est l'"effondrement du mode", lorsque le générateur produit des variétés limitées de sorties, compromettant ainsi la diversité des données générées. Diverses stratégies, telles que la mise en œuvre de pénalités de gradient et l'exploration de différentes architectures de réseau, ont été employées pour atténuer ces problèmes, repoussant continuellement les limites de ce que les GAN peuvent réaliser.

Ce qui distingue vraiment les GAN, ce ne sont pas seulement leurs prouesses techniques, mais aussi leur capacité à démocratiser la créativité. En fournissant des outils capables de générer de l'art, de la musique et même des idées, les GAN amplifient la créativité humaine, offrant de nouvelles voies à l'exploration artistique et à l'innovation. Ils ont ouvert de nouvelles frontières où les artistes collaborent avec les algorithmes pour co-créer, ce qui conduit à des résultats uniques et imprévisibles.

Pour ceux qui débutent, le monde des GAN peut donner l'impression d'entrer dans une nouvelle dimension de possibilités. La meilleure façon de s'y plonger est d'expérimenter avec des outils et des cadres existants tels que TensorFlow et PyTorch, qui proposent des modèles de GAN préconstruits. En ajustant les paramètres, en explorant différents ensembles de données et en itérant sur les modèles, vous obtiendrez une expérience pratique du fonctionnement de ces réseaux fascinants.

Un autre aspect passionnant des GAN est leur capacité à nous renseigner sur les espaces latents au sein des données, ces espaces abstraits et multidimensionnels dans lesquels les données sont intégrées et où les GAN opèrent. La compréhension de ces espaces latents peut offrir des perspectives profondes sur la nature des données elles-mêmes, et conduire à de nouvelles découvertes et percées créatives.

La beauté des GAN réside dans leur double nature : la lutte incessante qui conduit à des résultats toujours meilleurs, et le potentiel créatif illimité qu'ils libèrent. Qu'il s'agisse de générer des images photoréalistes ou de créer des symphonies qui résonnent avec l'émotion humaine, les GAN témoignent des progrès incroyables réalisés par l'intelligence artificielle.

Alors, en poursuivant ce voyage dans l'IA générative, laissez le concept des GAN éveiller votre curiosité et enflammer votre imagination. Explorez, répétez et innovez - votre prochain chef-d'œuvre pourrait n'être qu'un ensemble de données et quelques lignes de code.

Dans les prochaines sections, nous approfondirons le fonctionnement des GAN et vous aurez l'occasion de voir des applications pratiques et des techniques avancées. Mais pour l'instant, prenez le temps d'apprécier l'élégance et la puissance des GAN. Ce n'est pas seulement un outil, c'est une porte d'entrée vers de nouveaux domaines de créativité et d'expression.

Comment fonctionnent les GAN

Pour comprendre comment fonctionnent les GAN, ou Generative Adversarial Networks, nous devons d'abord décortiquer l'architecture unique qui les sous-tend. Un GAN est une sorte de bras de fer numérique entre deux réseaux neuronaux différents : le générateur et le discriminateur. Ces deux composants jouent des rôles distincts mais complémentaires, se poussant mutuellement à l'amélioration à chaque itération. Cette dynamique interactive crée un environnement propice à la production de données d'un réalisme impressionnant.

Le générateur a pour tâche de créer des données synthétiques qui imitent le plus fidèlement possible les données du monde réel. Dans un premier temps, le générateur commence par produire du bruit aléatoire, qui est essentiellement dénué de sens. Au fur et à mesure de la formation, le générateur apprend à produire des données de plus en plus similaires aux données réelles dont il s'inspire. Le discriminateur, quant à lui, est comme le contrôleur de qualité. Il évalue les données provenant du générateur par rapport aux données réelles, en s'efforçant de faire la distinction entre les deux.

Cette interaction entre le générateur et le discriminateur s'apparente à celle d'un faussaire et d'un critique d'art. Le générateur, ou faussaire, s'efforce de créer des œuvres d'art aussi authentiques que possible, tandis que le discriminateur, ou critique d'art, évalue chaque œuvre pour déterminer si elle est authentique ou falsifiée. Au fil du temps, les deux s'améliorent : le faussaire devient plus habile à créer des œuvres convaincantes et le critique devient plus apte à repérer les faux.

Le processus de formation peut être décomposé en quelques étapes clés :

Initialiser les réseaux : Le générateur et le discriminateur sont tous deux initialisés avec des poids aléatoires.

Générer des données: Le générateur crée un lot de données à partir d'un bruit aléatoire ou d'une autre entrée initiale.

Discriminer des données:

Le discriminateur évalue deux lots de données, l'un réel et l'autre généré, et tente de déterminer lequel est l'autre. Il tente de déterminer lequel est le bon.

Calculer la perte: Les deux réseaux calculent leurs pertes respectives. Pour le discriminateur, il s'agit d'une mesure de sa capacité à distinguer les vraies données des fausses. Pour le générateur, il s'agit de savoir dans quelle mesure il peut "tromper" le discriminateur.

Mettre à jour les poids: En utilisant la rétropropagation, les deux réseaux mettent à jour leurs poids afin de minimiser leurs pertes. Le générateur ajuste ses poids pour produire des données plus convaincantes, tandis que le discriminateur affine sa capacité à détecter les faux.

Itérer: Ces étapes sont répétées pendant de nombreuses itérations ou époques, améliorant progressivement le résultat du générateur et la précision du discriminateur.

Mais c'est ici que cela devient particulièrement fascinant : cette relation antagoniste crée une boucle de rétroaction qui conduit à une amélioration continue. Au départ, les données générées peuvent être facilement identifiées comme fausses, mais au fur et à mesure que le générateur apprend, il produit des données de plus en plus convaincantes. De même, le discriminateur devient plus habile à repérer les failles subtiles.

Un aspect essentiel de ce processus est le concept de fonction de perte, en particulier le jeu minimax. Le discriminateur cherche à maximiser sa précision en distinguant les vraies données des fausses, tandis que le générateur cherche à minimiser la capacité du discriminateur à le faire. Cette dynamique crée un équilibre : les deux réseaux s'améliorent ensemble, se poussant l'un l'autre à améliorer leurs performances.

La fonction de perte du générateur se concentre sur la façon dont il réussit à tromper le discriminateur. Inversement, la fonction de perte du discriminateur est axée sur sa capacité à différencier les données réelles des données fictives. L'objectif du générateur est de produire des données si réalistes que la précision du discriminateur tombe au niveau d'une supposition aléatoire.

En pratique, l'entraînement des GAN peut s'avérer assez difficile. Un problème courant consiste à maintenir l'équilibre entre le générateur et le discriminateur. Si l'un des réseaux devient trop fort, il peut dominer l'autre, ce qui conduit à une formation sous-optimale. Par exemple, si le discriminateur devient trop précis trop rapidement, le générateur peut avoir du mal à s'améliorer, car il reçoit un retour d'information trop sévère. De même, si le générateur s'améliore trop rapidement, le discriminateur risque de ne jamais rattraper son retard, ce qui réduit son efficacité.

Pour remédier à ce problème, les chercheurs expérimentent souvent diverses techniques, telles que la modification de l'architecture ou la modification des algorithmes de formation. Par exemple, certaines approches consistent à entraîner le générateur plus fréquemment que le discriminateur, ou vice versa, afin de maintenir l'équilibre. D'autres peuvent modifier les fonctions de perte pour fournir des gradients plus lisses, facilitant ainsi un apprentissage plus efficace.

Au delà de ces principes fondamentaux, il existe également de nombreuses variantes de GANs adaptées à des applications spécifiques. Par exemple, les GAN conditionnels (cGAN) intègrent des informations supplémentaires, comme les étiquettes de classe, dans le processus de formation. Cela permet au générateur de produire des données qui adhèrent à certaines conditions ou classifications, ajoutant une couche de contrôle sur le résultat.

Une autre variante notable est le Deep Convolutional GAN (DCGAN), qui utilise des réseaux neuronaux convolutionnels profonds à la fois dans le générateur et le discriminateur. Cette architecture est particulièrement efficace pour traiter les données d'image, ce qui permet de générer des images de meilleure qualité. De même, les GAN à croissance progressive (PGGAN) augmentent graduellement la complexité des données générées au cours du processus de formation, ce qui donne souvent de meilleurs résultats pour les images à haute résolution.

Les possibilités offertes par les GAN vont bien au-delà des images. Ils ont été utilisés dans de nombreuses applications créatives et pratiques, de la composition musicale à la conception de jeux. Par exemple, les GAN peuvent générer des compositions musicales uniques en apprenant à partir de vastes collections de musique existante. Dans le développement de jeux, les GAN aident à créer des environnements plus dynamiques et plus réalistes, améliorant ainsi l'expérience globale du jeu. Le surajustement, l'effondrement des modes et les difficultés de convergence sont quelques-uns des obstacles fréquemment rencontrés par les chercheurs. Il y a surajustement lorsque le modèle est exceptionnellement performant sur les données d'apprentissage mais médiocre sur les données non vues. L'effondrement du mode se produit lorsque le générateur produit des variations limitées dans les données, ce qui réduit la diversité. La difficulté de convergence fait référence au défi de parvenir à une formation stable et efficace, car la nature contradictoire des GAN peut parfois conduire à des oscillations ou à un comportement divergent.

La résolution de ces défis nécessite un mélange de compréhension théorique et d'expérimentation pratique. Les chercheurs explorent continuellement de nouvelles techniques pour stabiliser l'apprentissage, améliorer la généralisation et accroître la diversité des données générées. Des techniques telles que la normalisation spectrale, les GAN de Wasserstein et l'augmentation des données sont des méthodes prometteuses pour surmonter ces obstacles.

Alors que les GAN continuent d'évoluer, leurs applications potentielles s'étendent. Ils jouent un rôle crucial dans l'avancement de domaines tels que la vision par ordinateur, le traitement du langage naturel et même la recherche médicale. Par exemple, les GAN sont utilisés pour améliorer l'imagerie médicale et faciliter le diagnostic et le traitement des maladies en générant des images à haute résolution à partir de scanners à faible résolution.

En définitive, les avancées significatives de la technologie des GAN soulignent l'importance de comprendre le fonctionnement de ces systèmes. En approfondissant les subtilités de la dynamique générateur-discriminateur, nous pouvons mieux exploiter le potentiel des GAN et stimuler l'innovation dans de nombreux domaines. Ces connaissances fondamentales permettent également aux individus d'explorer leur potentiel créatif, en utilisant les GAN pour produire des œuvres d'art uniques, de la musique, etc.

En conclusion, comprendre les mécanismes des GAN ouvre un monde de possibilités. Qu'il s'agisse de produire des images époustouflantes ou de composer de la musique, les applications sont aussi diverses que passionnantes. À mesure que nous continuerons à perfectionner ces systèmes, la frontière entre le réel et le synthétique s'estompera, annonçant une nouvelle ère de créativité alimentée par l'intelligence artificielle

Chapitre 5 :
Introduction aux VAE

En pénétrant au cœur de l'intelligence artificielle générative, nous découvrons les autoencodeurs variationnels (VAE), une technique qui allie la richesse de l'apprentissage profond à l'inférence probabiliste. Les VAE offrent une approche fascinante pour générer des données remarquablement réalistes en apprenant les structures complexes des données d'apprentissage, capturant des nuances que d'autres modèles pourraient manquer. Contrairement à la nature contradictoire des GAN, les VAE s'appuient sur les fondements des autoencodeurs, mais introduisent une touche probabiliste qui leur permet de gérer plus efficacement la nature incertaine des données du monde réel. Ce chapitre explique comment les VAE utilisent les variables latentes pour créer des modèles génératifs plus souples et plus robustes, ouvrant ainsi la voie à des applications inventives et remarquables dans des domaines tels que l'art, la musique et bien d'autres. Vous découvrirez ici les principes clés qui sous-tendent les VAE et pourquoi ils sont essentiels pour repousser les limites de la créativité et de l'innovation dans l'IA.

Qu'est-ce que les VAE ?

Les autoencodeurs variationnels, ou VAE, sont une classe de modèles génératifs dans l'apprentissage automatique avec un mélange convaincant d'élégance théorique et d'utilité pratique. À la base, les VAE visent à coder les données sous une forme continue et compacte, qui peut ensuite être utilisée pour générer de nouvelles données similaires. Imaginez que vous preniez un ensemble de données complexes et à haute dimension, comme des images de chiffres écrits à la main, et que vous le distilliez en un ensemble de variables plus simples et significatives. Cette représentation distillée, ou "espace latent", est l'endroit où la magie opère avec les VAE.

Contrairement aux autoencodeurs traditionnels, qui compriment les données dans une représentation fixe, les VAE introduisent une touche probabiliste. Cette nature probabiliste est fondamentale car elle permet de générer de nouveaux points de données. Essentiellement, une VAE ne se contente pas d'encoder chaque entrée en un seul point de l'espace latent. Au lieu de cela, elle fait correspondre l'entrée à une distribution, généralement gaussienne, sur l'espace latent. Cela signifie que chaque entrée est codée non seulement comme un point, mais aussi comme un nuage de possibilités.

Pourquoi est-ce important ? Lorsque vous générez de nouvelles données, vous échantillonnez en fait à partir de cette distribution. Cette approche permet d'obtenir un ensemble de résultats plus robuste et plus diversifié, ce qui est particulièrement utile dans les applications créatives. Vous ne vous contentez pas de copier ou de modifier légèrement des données existantes, vous créez de nouvelles instances dotées de qualités inédites. La nature continue de l'espace latent dans les VAE permet également une interpolation en douceur entre les points de données, ce qui peut être esthétiquement agréable et riche en informations.

Alors, qu'est-ce qui rend les VAE si spéciales ? C'est leur double rôle d'encodeur et de décodeur, fonctionnant avec un état d'esprit probabiliste. L'encodeur reçoit les données et apprend les distributions sous-jacentes dans l'espace latent. Cela aide le modèle à comprendre l'essence de ce qu'il code. C'est un peu comme si l'on prenait une œuvre d'art complexe et que l'on comprenait les coups de pinceau, les teintes, les subtilités, autant d'éléments qui la rendent unique. Le décodeur échantillonne ensuite cet espace latent pour générer de nouvelles données, un peu comme un artiste qui utilise ces techniques apprises pour créer de nouvelles œuvres.

Pour rendre cela concret, prenons l'exemple de la génération de chiffres manuscrits, un cas de test populaire pour les VAE. La VAE apprend à coder diverses images de chiffres dans un espace latent où les chiffres similaires sont regroupés. En explorant les points de cet espace latent, vous pouvez générer de nouvelles images de chiffres qui n'existent pas dans les données d'apprentissage, mais qui semblent authentiques. Cette capacité de génération est ce qui distingue les VAE en tant qu'outil de compression de données et d'exploration créative.

Mais les VAE ne se limitent pas aux images. Leurs applications couvrent un large éventail de domaines, de la génération de textes à la composition musicale. En fait, toute forme de données qui peut être compressée de manière significative puis étendue peut bénéficier de l'approche VAE. La base probabiliste rend également les VAE robustes dans le traitement des données bruitées et incomplètes, ce qui est souvent le cas dans les scénarios du monde réel. Par exemple, en imagerie médicale, les VAE peuvent reconstruire des images de haute qualité à partir de scans partiels, ce qui peut être crucial pour les diagnostics.

Techniquement, le cadre probabiliste des VAE découle de l'inférence variationnelle, une méthode de la statistique bayésienne. En termes simples, l'inférence variationnelle approxime des distributions de probabilité complexes par des distributions plus simples, ce qui permet d'effectuer des tâches telles que le codage et le décodage. La fonction objective, connue sous le nom de limite inférieure de l'évidence (ELBO), équilibre deux objectifs clés : la précision de la reconstruction des données et l'alignement de la distribution latente sur une distribution préalable (généralement gaussienne). Cet équilibre garantit que l'espace latent est à la fois informatif et structuré.

D'un point de vue mathématique, le processus peut être décomposé en quelques étapes cruciales. Tout d'abord, le réseau de codage, également appelé modèle de reconnaissance, projette les données d'entrée dans l'espace latent, produisant à la fois une moyenne et un écart-type pour la distribution gaussienne sous-jacente. L'étape suivante consiste à échantillonner cette distribution pour produire une variable latente. Cette étape, connue sous le nom d'"astuce de reparamétrage", est essentielle pour rendre le processus différentiable, ce qui permet d'entraîner le modèle à l'aide de la descente de gradient. Enfin, le réseau décodeur, ou modèle génératif, reconstruit les données d'entrée à partir de la variable latente.

Malgré sa rigueur mathématique, les implémentations pratiques des VAE sont étonnamment accessibles. Les cadres d'apprentissage machine populaires tels que TensorFlow et PyTorch offrent des composants pré-intégrés pour la construction et l'entraînement des VAE, ce qui facilite l'expérimentation de ces modèles, même pour les débutants. La possibilité de modifier les paramètres et d'explorer diverses architectures ajoute un élément de créativité au défi technique, ce qui en fait non seulement un exercice de codage mais aussi de conception.

L'un des aspects enrichissants de l'apprentissage des VAE est la compréhension de l'interprétabilité de l'espace latent. Cet espace révèle souvent des modèles et des structures perspicaces inhérents aux données. Par exemple, dans la génération d'images faciales, différentes dimensions de l'espace latent peuvent correspondre à des caractéristiques telles que la couleur des cheveux, l'angle du visage ou même l'expression émotionnelle. L'exploration de ces dimensions offre une expérience riche et pratique d'interaction avec des données complexes d'une manière plus intuitive et visuelle.

Parce que les VAE sont des modèles génératifs, elles sont naturellement adaptées aux domaines créatifs. Les artistes et les concepteurs peuvent utiliser les VAE pour explorer de nouvelles possibilités esthétiques, en générant de nouvelles œuvres d'art, des modèles de conception ou même des articles de mode. La fusion de la créativité et de la technicité dans les VAE ouvre un terrain de jeu où l'art et la science se rencontrent. En outre, l'interpolation en douceur dans l'espace latent permet de créer des transitions et des morphes artistiques, offrant ainsi un support dynamique et attrayant pour la narration et l'expression artistique.

De plus, les concepts qui sous-tendent les VAE peuvent être étendus et modifiés pour des applications spécialisées. Les VAE conditionnelles (CVAE), par exemple, intègrent des informations supplémentaires avec les données d'entrée, ce qui permet une génération plus contrôlée et plus consciente du contexte. Cela a des implications majeures dans des domaines tels que la synthèse texte-image, où l'image générée doit correspondre à des descriptions textuelles spécifiques. La flexibilité et l'extensibilité des VAE en font un outil puissant dans la boîte à outils de l'IA générative.

Le voyage vers la compréhension des VAE est autant une question de théorie que d'application. Il s'agit de relier des idées mathématiques abstraites à des résultats concrets et tangibles. En approfondissant ce sujet, vous découvrirez que les VAE offrent un point de vue unique sur le processus génératif, alliant rigueur et créativité. Les applications potentielles sont vastes et ne sont limitées que par l'imagination et l'innovation.

En résumé, les VAE constituent une intersection fascinante entre la compression des données et la modélisation générative, offrant un mélange puissant d'intégration et de reconstruction probabilistes. Leur utilité s'étend à de multiples domaines, ce qui en fait des outils polyvalents pour les activités scientifiques et artistiques. En exploitant les forces de l'inférence variationnelle et des réseaux neuronaux, les VAE créent un espace latent riche et continu qui favorise la créativité et l'exploration. Que vous cherchiez à générer des images réalistes, à composer de la musique ou à comprendre des ensembles de données complexes, les VAE se distinguent comme une technologie transformatrice dans le domaine de l'IA générative.

Comment fonctionnent les VAE

Pour comprendre comment fonctionnent les autoencodeurs variationnels (VAE), il est essentiel de comprendre qu'ils ont deux objectifs principaux : la compression et la génération. Contrairement aux autoencodeurs standard, qui se concentrent principalement sur la compression des données, les VAE ajoutent une touche en incorporant des éléments probabilistes. Cela leur permet non seulement de recréer les données d'entrée, mais aussi de générer de nouvelles instances significatives. La double capacité des VAE les rend particulièrement utiles dans des domaines créatifs tels que l'art et la musique numériques, où la génération de nouveaux contenus est inestimable.

L'architecture d'une VAE se compose de deux éléments principaux : l'encodeur et le décodeur. Le codeur prend des données d'entrée, telles qu'une image ou un texte, et les transforme en une représentation compacte, souvent de dimension inférieure, appelée espace latent. L'astuce réside dans le fait que cette transformation n'est pas déterministe. Au lieu de cela, elle code les données d'entrée sous forme de distributions dans l'espace latent, représentées généralement à l'aide de distributions gaussiennes. C'est cette nature probabiliste qui permet aux VAE de générer de nouvelles données à la fois variées et cohérentes.

Penchons-nous à présent sur la structure de l'espace latent. L'espace latent d'une VAE est un espace vectoriel continu et multidimensionnel. Chaque point de cet espace correspond à une sortie potentielle du réseau. Au cours du processus de codage, le codeur produit deux vecteurs : un vecteur de moyenne et un vecteur d'écart type. Ensemble, ils définissent une distribution gaussienne dans l'espace latent pour chaque échantillon d'entrée. Le processus consiste à échantillonner un vecteur latent à partir de cette distribution, qui est ensuite introduit dans le décodeur pour reconstruire les données d'origine.

L'utilisation de l'astuce de reparamétrage est cruciale pour la formation des VAE. Cette technique permet la rétropropagation, essentielle à l'optimisation des réseaux neuronaux. Essentiellement, au lieu d'échantillonner directement à partir de la distribution définie par le codeur, le modèle échantillonne un vecteur à partir d'une distribution gaussienne standard, puis l'échelonne et le décale en fonction des paramètres de moyenne et d'écart type fournis par le codeur. Cette manœuvre astucieuse permet de calculer le gradient nécessaire pour entraîner efficacement le modèle.

Le travail du décodeur consiste à retransformer le vecteur latent échantillonné en données d'origine. Pour les données d'image, il s'agit de transformer un vecteur latent compact en une image pleine résolution. Les variations stochastiques dans l'espace latent se traduisent par des sorties diverses, mais plausibles. Cette capacité ouvre un monde de possibilités créatives, allant de la création de nouvelles œuvres d'art à la conception d'objets virtuels uniques.

Il est essentiel de comprendre le rôle de la fonction de perte dans les VAE. La fonction de perte a deux composantes principales : la perte de reconstruction et la divergence KL. La perte de reconstruction mesure la capacité du décodeur à recréer les données d'entrée. Elle est généralement calculée à l'aide de mesures telles que l'erreur quadratique moyenne pour les données numériques ou l'entropie croisée binaire pour les données d'image. Le terme de divergence KL, quant à lui, oblige les distributions dans l'espace latent à suivre une distribution normale standard. Cette régularisation garantit que l'espace latent se comporte bien et nous permet de générer des échantillons de données significatifs et cohérents.

La fonction de perte unique d'une VAE joue un rôle essentiel en équilibrant le compromis entre la qualité de la reconstruction et la régularité de l'espace latent. Sans cet équilibre, la VAE pourrait se suradapter aux données d'apprentissage, perdant ainsi sa capacité à générer des sorties nouvelles et variées. Une telle situation limiterait l'utilité de la VAE dans les applications créatives où la génération de contenus variés est cruciale.

En outre, les VAE peuvent facilement être étendues aux VAE conditionnelles (CVAE), où le modèle est conditionné par des informations ou des étiquettes supplémentaires. Dans une CVAE, le codeur et le décodeur prennent également des étiquettes de classe ou d'autres formes de données conditionnelles en entrée. Ce conditionnement permet une génération plus contrôlée, comme la création d'œuvres d'art qui adhèrent à des styles ou à des genres spécifiques. La flexibilité introduite par les éléments conditionnels enrichit encore le champ des applications créatives, en offrant aux artistes et aux développeurs un contrôle détaillé sur les résultats.

L'entraînement des VAE est un processus de calcul intensif, qui nécessite un matériel puissant et des données substantielles. Néanmoins, les avantages l'emportent sur les défis lorsque ces modèles produisent des résultats étonnamment nouveaux et de grande qualité. De nombreuses unités de traitement graphique (GPU) modernes sont équipées de la puissance de calcul nécessaire pour entraîner efficacement les VAE.

De plus, l'intersection des VAE avec d'autres modèles génératifs tels que les GAN offre des possibilités encore plus intrigantes. Certains modèles avancés combinent les forces des VAE et des GAN, tirant parti de la stabilité et de l'interprétabilité des VAE tout en capitalisant sur les capacités de génération pointue des GAN. Ces modèles hybrides repoussent les limites de ce qui est possible dans les tâches génératives.

Il convient également de mentionner à quel point certaines bibliothèques de programmation ont rendu la tâche de mise en œuvre des VAE conviviale. Des frameworks populaires comme TensorFlow et PyTorch proposent des fonctions et des modules pré-intégrés spécifiquement pour les VAE, ce qui simplifie le processus de développement. Cette facilité d'utilisation démocratise l'accès à cette puissante technologie, permettant aux débutants et aux passionnés de se plonger dans l'IA générative sans avoir besoin d'une formation approfondie en apprentissage automatique.

Envisageant l'avenir, les limites et les défis auxquels sont confrontées les VAE aujourd'hui sont activement abordés par la communauté des chercheurs. Qu'il s'agisse d'améliorer la fidélité des images générées, de réduire les temps d'apprentissage ou d'améliorer la stabilité des modèles, les progrès continus font des VAE une option encore plus attrayante pour les applications créatives et pratiques.

Il ne fait aucun doute que la compréhension du fonctionnement interne des VAE offre non seulement un aperçu de leur potentiel, mais aussi une base solide pour explorer le paysage plus large de l'IA générative. Au fur et à mesure que vous vous enfoncez dans ce monde, les principes qui sous-tendent les VAE serviront de pierre angulaire, vous permettant de construire des projets plus complexes et plus passionnants.

Chapitre 6 :
Autres modèles génératifs

Au delà des GAN et des VAE, nous explorons un spectre varié de modèles génératifs qui offrent des moyens uniques de créer et d'innover. Les modèles autorégressifs, comme PixelRNN, construisent les données point par point, fournissant des séquences de haute qualité en prédisant les valeurs futures sur la base des valeurs antérieures. Par ailleurs, les modèles basés sur les flux utilisent des transformations réversibles pour cartographier les données dans des espaces latents, fournissant une modélisation exacte de la densité et un échantillonnage efficace grâce à des architectures telles que RealNVP. Ces modèles élargissent non seulement la boîte à outils des artistes et des développeurs, mais ouvrent également de nouvelles voies à l'expérimentation et à la découverte, dépassant les limites des méthodes génératives traditionnelles et repoussant les frontières de la créativité de l'IA.

Modèles autorégressifs

Les modèles autorégressifs constituent un sous-ensemble fascinant de modèles génératifs qui ont suscité l'intérêt des passionnés d'intelligence artificielle et des chercheurs. Ces modèles prédisent l'élément suivant d'une séquence en fonction des éléments précédents, ce qui les rend incroyablement utiles dans une variété d'applications allant de la génération de texte à la composition musicale. À la base, les modèles autorégressifs exploitent la puissance des distributions de probabilités pour faire des prédictions éclairées.

L'idée fondamentale qui sous-tend les modèles autorégressifs est relativement simple. Imaginez que vous essayez de prédire le mot suivant dans une phrase. Le modèle examine les mots qui précèdent le mot cible et génère des probabilités pour les mots suivants possibles sur la base de modèles appris. Il s'agit essentiellement d'un jeu de devinettes probabiliste, mais qui s'appuie sur un apprentissage complexe et de vastes données.

L'une des applications les plus connues des modèles autorégressifs est le traitement du langage naturel (NLP). Les modèles GPT (Generative Pre-trained Transformer) d'OpenAI en sont de parfaits exemples. Ces modèles ont démontré leur capacité à créer des textes cohérents et pertinents sur le plan contextuel, ce qui les rend inestimables pour des applications telles que les chatbots, les assistants d'écriture et la création automatisée de contenu. Leur capacité à effectuer des tâches telles que le résumé, la traduction et même l'écriture créative montre leur polyvalence.

Qu'il s'agisse de texte, de musique ou même d'images, les modèles autorégressifs ne sont pas limités à un seul domaine. Par exemple, dans le domaine de la création musicale, ces modèles peuvent prédire la note suivante d'une mélodie ou même une séquence entière d'accords. En s'entraînant sur de vastes corpus de compositions musicales, ils apprennent les nuances stylistiques et structurelles des différents genres, ce qui leur permet de produire des morceaux originaux qui reprennent les caractéristiques des genres existants ou d'en créer de nouveaux. Les musiciens et les compositeurs disposent ainsi de possibilités infinies pour explorer de nouvelles dimensions créatives.

Pour aller plus loin dans la mécanique, les modèles autorégressifs sont entraînés à l'aide d'une méthode appelée "estimation du maximum de vraisemblance". Ils apprennent à maximiser la probabilité des données d'apprentissage en ajustant leurs paramètres internes. Ce processus d'apprentissage implique des techniques de rétropropagation et d'optimisation qui affinent itérativement les poids du modèle, ce qui lui permet de mieux prédire les éléments futurs d'une séquence.

L'un des points forts des modèles autorégressifs est leur simplicité et leur efficacité. Contrairement à d'autres modèles génératifs qui nécessitent des architectures et des processus de formation complexes, les modèles autorégressifs sont relativement simples à mettre en œuvre et à former. Ils sont donc accessibles aux débutants comme aux experts et constituent une base solide pour l'exploration de l'IA générative.

Toutefois, il est important de reconnaître les défis associés aux modèles autorégressifs. Un problème notable est leur tendance à accumuler des erreurs sur de longues séquences. Étant donné que chaque prédiction dépend des précédentes, toute erreur peut se propager et s'aggraver, ce qui entraîne des résultats moins cohérents au fur et à mesure que la séquence s'allonge. Les chercheurs travaillent continuellement à l'amélioration des techniques pour atténuer ces erreurs et améliorer la qualité globale des séquences générées.

Un autre écueil potentiel est l'immensité des ressources informatiques nécessaires à l'entraînement des modèles autorégressifs à grande échelle, en particulier ceux utilisés dans le domaine du langage parlé et écrit. Le volume de données et la complexité des calculs nécessitent une puissance de traitement et une mémoire importantes. Bien que cela puisse constituer une contrainte pour certains, les progrès du matériel et des algorithmes plus efficaces atténuent progressivement ces obstacles, rendant les modèles de haute performance plus accessibles à un plus grand nombre d'utilisateurs. Pour les artistes et les créateurs, ces modèles peuvent servir d'outils de collaboration, offrant de nouvelles perspectives et idées qui auraient pu être inexplorées autrement. Imaginez un écrivain utilisant un modèle autorégressif pour rédiger le prochain chapitre d'un roman, utilisant les suggestions du modèle pour surmonter le blocage de l'écrivain et expérimenter différents rebondissements de l'intrigue. Ou encore un musicien tirant parti des séquences harmoniques générées pour inspirer de nouvelles compositions, repoussant ainsi les limites de la théorie musicale traditionnelle.

En conclusion, les modèles autorégressifs représentent une pierre angulaire de l'IA générative, offrant de puissantes capacités de prédiction de séquences dans divers domaines. En tirant parti de la puissance des probabilités et de l'apprentissage à partir de vastes ensembles de données, ces modèles sont capables de générer des séquences convaincantes et pertinentes sur le plan contextuel, qui prolongent la créativité humaine. Mais le voyage ne s'arrête pas là. Grâce aux progrès constants de la recherche et de la technologie en matière d'IA, le potentiel des modèles autorégressifs pour transformer le paysage créatif est illimité et réellement inspirant.

Les modèles autorégressifs peuvent être utilisés dans de nombreux domaines.

Modèles basés sur les flux

Les modèles basés sur les flux représentent une approche unique dans le domaine des modèles génératifs. Ces modèles s'articulent principalement autour du concept de réseaux neuronaux inversibles, où la correspondance entre les données d'entrée et les variables latentes est bidirectionnelle. Cette bidirectionnalité garantit que le modèle maintient un mappage bijectif parfait, ce qui signifie que chaque point de données d'entrée a un point correspondant unique dans l'espace latent, et vice versa. C'est cette caractéristique qui distingue les modèles basés sur les flux des autres modèles génératifs tels que les GAN et les VAE.

L'un des principes fondamentaux des modèles basés sur les flux est la séquence de transformations inversibles. Ces transformations sont appliquées aux données d'entrée pour les faire correspondre à une distribution plus simple, généralement une distribution gaussienne. Comme ces transformations sont inversibles, elles permettent à la fois d'échantillonner de nouvelles données à partir du modèle et de calculer la fonction de densité de probabilité exacte des données, ce qui n'est pas facilement réalisable avec de nombreux autres modèles génératifs. Cette capacité ouvre de nouvelles voies pour les tâches qui nécessitent une estimation précise de la densité.

L'épine dorsale des modèles basés sur les flux peut être décrite comme une chaîne de transformations simples et inversibles qui déforment progressivement la distribution des données dans la forme souhaitée. Chacune de ces transformations implique généralement une combinaison d'opérations de mise à l'échelle, de rotation et de translation, en veillant à ce que l'ensemble du processus reste inversible. Les architectures les plus connues de cette famille de modèles comprennent RealNVP (Real-valued Non-Volume Preserving transformations) et ses successeurs, tels que Glow.

RealNVP a jeté les bases permettant de comprendre comment concevoir efficacement ces transformations inversibles. En divisant les données d'entrée en différentes parties et en appliquant des transformations distinctes à chacune d'entre elles, il parvient à contrôler la complexité tout en veillant à ce que l'inversion reste réalisable sur le plan informatique. Cette stratégie permet à RealNVP d'obtenir des résultats impressionnants dans les tâches de génération d'images, en fournissant des échantillons réalistes et de haute qualité.

Glow, un autre modèle notable basé sur les flux, étend les idées présentées dans RealNVP et y ajoute des optimisations significatives. Par exemple, Glow introduit un nouveau type de couche de flux appelé "convolution inversible 1x1". Cette couche améliore l'expressivité et la flexibilité du modèle, ce qui lui permet d'atteindre des performances encore meilleures pour des tâches telles que la synthèse d'images. En outre, Glow met en œuvre une paramétrisation et un algorithme d'apprentissage plus efficaces, ce qui améliore encore son évolutivité et son applicabilité à des ensembles de données plus importants.

La facilité de calcul de la vraisemblance directement dans les modèles basés sur le flux est un avantage substantiel. Comme ces modèles permettent de calculer la densité exacte, ils peuvent être particulièrement utiles dans les applications où il est essentiel de comprendre ou de manipuler la distribution sous-jacente des données. Par exemple, dans la détection des anomalies, la connaissance de la vraisemblance précise de chaque point de données permet d'identifier plus efficacement les valeurs aberrantes. De même, dans les scénarios nécessitant une quantification fiable de l'incertitude, les modèles basés sur les flux peuvent fournir des estimations probabilistes exactes.

Un autre avantage des modèles basés sur les flux est leur robustesse dans le traitement des données à haute dimension. Ces modèles sont intrinsèquement structurés pour traiter des distributions de données complexes, ce qui les rend appropriés pour des applications dans la synthèse d'images et d'audio. En tirant parti des transformations inversibles, les modèles basés sur le flux peuvent capturer des détails complexes et des dépendances dans les données, produisant des résultats de haute fidélité qui améliorent le potentiel créatif de l'IA générative.

Malgré leurs atouts, les modèles basés sur le flux présentent également certains défis. Le coût informatique de l'apprentissage de ces modèles peut être élevé, principalement parce que les transformations inverses nécessitent une conception minutieuse et une mise en œuvre efficace. L'apprentissage est donc plus lent que celui de certains autres modèles génératifs, en particulier pour les ensembles de données à grande échelle. En outre, l'architecture des modèles basés sur les flux peut être complexe, nécessitant une compréhension approfondie des fonctions inversibles et des questions de stabilité numérique lors de la mise en œuvre.

Une considération critique lors du travail avec des modèles basés sur les flux est le choix des transformations utilisées dans le réseau. Ces transformations doivent trouver un équilibre entre une expressivité suffisante pour capturer des distributions de données complexes et un caractère traitable pour l'inversion. Les chercheurs continuent d'explorer de nouveaux types de transformations inversibles et de techniques d'optimisation pour relever ces défis.

En outre, l'espace de conception des modèles basés sur les flux est assez vaste et fait toujours l'objet d'une exploration active. Des recherches sont en cours sur la meilleure façon de structurer ces modèles et sur les types de flux qui offrent les meilleurs compromis entre complexité et performance. Les innovations dans ce domaine pourraient rendre les modèles à base de flux encore plus puissants et accessibles, abaissant les barrières pour les enthousiastes et les débutants intéressés par l'IA générative.

En résumé, les modèles à base de flux occupent une position unique dans la constellation des modèles génératifs grâce à leur invertibilité et au calcul direct de la vraisemblance. Ils offrent un contrôle précis sur la génération de données et permettent d'effectuer des tâches qui nécessitent des estimations de densité exactes. Bien qu'ils présentent leur propre lot de défis, l'évolution de la recherche et les améliorations continues de leur architecture en font un outil fascinant et précieux pour quiconque se plonge dans le monde de l'IA générative. L'exploration des modèles basés sur les flux peut permettre de mieux comprendre comment les données peuvent être transformées et représentées, en offrant de nouvelles perspectives à la fois sur les applications pratiques et les possibilités créatives.

Chapitre 7 :
Outils et logiciels pour l'IA générative

Dans le domaine de l'IA générative, les bons outils et logiciels peuvent être la clé pour libérer votre potentiel créatif. Des bibliothèques conviviales comme TensorFlow et PyTorch aux plateformes spécialisées comme RunwayML, il existe un riche écosystème conçu pour soutenir les débutants et les développeurs chevronnés. Ces outils simplifient non seulement les processus complexes tels que l'entraînement des réseaux neuronaux, mais proposent également des modèles pré-entraînés qui peuvent être adaptés à vos besoins spécifiques. La mise en place de votre espace de travail implique souvent la configuration d'environnements dans des carnets Jupyter ou l'utilisation de ressources basées sur le cloud comme Google Colab, ce qui rend les calculs de haute performance accessibles sans investissements lourds. En vous familiarisant avec ces outils essentiels, vous n'apprenez pas seulement à utiliser un logiciel, vous vous lancez dans la traduction d'algorithmes abstraits en créations tangibles et impressionnantes.

Outils et bibliothèques populaires

Lorsque vous plongez dans le monde fascinant de l'IA générative, le fait de disposer du bon ensemble d'outils et de bibliothèques peut faire toute la différence. Que vous créiez de l'art visuel, de la musique ou du texte, des logiciels et des cadres spécifiques ont été conçus pour rationaliser le processus de développement et libérer votre potentiel créatif. Chaque outil offre un ensemble unique de fonctionnalités, facilitant la mise en œuvre d'algorithmes complexes sans plonger trop profondément dans le charabia technique.

Commençons par **TensorFlow**. Développée par Google Brain, cette bibliothèque open-source est immensément populaire parmi les chercheurs et les développeurs en IA. TensorFlow offre une suite complète d'outils pour la construction et l'entraînement de modèles d'apprentissage automatique. Sa polyvalence et sa documentation complète en font un outil de choix pour le développement de réseaux neuronaux profonds et de modèles génératifs avancés. En outre, TensorFlow fournit TensorFlow.js, qui vous permet d'intégrer des modèles d'apprentissage machine dans le domaine du JavaScript, ce qui ouvre un tout nouveau monde de possibilités pour les applications Web.

PyTorch est un autre poids lourd dans le domaine de l'IA générative. Développé par le laboratoire de recherche en IA de Facebook (FAIR), PyTorch a gagné en popularité grâce à sa facilité d'utilisation et à son architecture flexible. Contrairement à TensorFlow, qui a été initialement critiqué pour sa complexité d'apprentissage, PyTorch permet de créer des graphes de calcul dynamiques, ce qui facilite l'expérimentation et le débogage des modèles. Sa nature pythonique signifie également qu'il est incroyablement intuitif pour les développeurs Python. L'intégration de PyTorch avec des bibliothèques puissantes telles que torchvision et torchaudio en fait un choix incontournable pour générer de l'art visuel et de la musique.

La bibliothèque **Keras**, qui fait désormais partie de l'écosystème TensorFlow, est conçue pour être conviviale et polyvalente. Elle offre une API de haut niveau qui simplifie le développement de réseaux neuronaux, en faisant abstraction d'une grande partie du code passe-partout qui enlise souvent les projets d'apprentissage automatique.

Keras est particulièrement populaire pour le prototypage rapide et est largement utilisé dans les universités et l'industrie à des fins de recherche et de production. L'un des principaux avantages de Keras est sa modularité : vous pouvez brancher et utiliser divers composants, tels que des fonctions de perte, des optimiseurs et des couches, pour concevoir des modèles personnalisés avec un minimum d'effort.

LesGANs (Generative Adversarial Networks) ont également bénéficié de contributions significatives en termes de bibliothèques spécialisées. L'une de ces bibliothèques est GANLab, qui fournit un outil interactif et visuel spécialement conçu pour aider les utilisateurs à comprendre les subtilités des GAN. En offrant une approche pratique, GANLab vous permet d'expérimenter avec différents paramètres et d'observer visuellement comment les modèles GAN apprennent et génèrent des données. Cela peut être particulièrement bénéfique pour les débutants qui souhaitent obtenir une compréhension plus intuitive du monde souvent perplexe des réseaux adversaires.

En passant au **traitement du langage naturel (NLP)**, des bibliothèques telles que **Transformers** de Hugging Face sont devenues indispensables. Transformers fournit des modèles pré-entraînés de pointe pour les tâches de TAL telles que la génération de texte, la traduction et le résumé. La bibliothèque fait abstraction d'une grande partie de la complexité liée à la mise en place et au réglage fin de grands modèles de langage, ce qui permet aux développeurs de se concentrer davantage sur les applications créatives que sur les subtilités de l'architecture des modèles.

Pour ceux qui se concentrent sur la création d'art visuel, **RunwayML** se distingue comme une plateforme particulièrement conviviale. RunwayML permet aux artistes et aux concepteurs d'utiliser l'IA sans écrire de code, en fournissant une interface graphique pour appliquer divers modèles d'apprentissage automatique. Il prend en charge une variété de modèles pré-entraînés qui peuvent être utilisés pour des tâches allant de la synthèse d'images au transfert de style. L'intégration transparente avec des logiciels de création tels qu'Adobe Photoshop renforce encore son attrait, car il est plus facile que jamais de combiner des éléments générés par l'IA avec des pratiques de conception traditionnelles.

Magenta est un autre projet remarquable, développé par l'équipe Brain de Google, qui se concentre spécifiquement sur l'intersection de l'apprentissage automatique et des arts. Conçu pour faciliter la création de musique, de vidéos, d'images et d'autres formes d'art, Magenta propose divers modèles, outils et ensembles de données en libre accès. Sa bibliothèque Magenta.js étend même ces capacités au web, ce qui permet d'incorporer du contenu généré de manière procédurale dans des sites web et des installations interactives.

Le développement de l'art de l'IA bénéficie également de plateformes comme **Artbreeder**. Basé sur les GAN, Artbreeder permet aux utilisateurs de créer des images en mélangeant différentes images et en ajustant divers paramètres tels que le style et la couleur. Bien qu'il puisse sembler simpliste à première vue, Artbreeder offre une expérience hautement interactive pour générer de l'art, donnant aux utilisateurs un moyen intuitif d'explorer différentes possibilités artistiques.

Une autre ressource essentielle est **OpenAI**, connue pour développer des modèles de pointe tels que le GPT-3. Pouvant générer des textes semblables à ceux des humains, les modèles d'OpenAI ont de vastes implications pour l'écriture créative, la conception de jeux, les chatbots et bien plus encore. Bien que l'API de GPT-3 ne soit pas open-source, les développeurs peuvent l'exploiter grâce à diverses options d'intégration, ce qui facilite l'expérimentation de fonctionnalités NLP avancées sans nécessiter de ressources informatiques à grande échelle.

Dans le domaine de la génération musicale, des outils tels que le logiciel **Abletonâs Live** offrent des options d'intégration avec des plugins basés sur l'IA. Ces plugins peuvent aider à générer des mélodies, des harmonies et même des compositions entières. De même, **Spleeter** de Deezer est un outil open-source qui utilise l'apprentissage profond pour séparer les stems des pistes musicales, ce qui permet de réaliser des remix et des mashups créatifs.

Outre les bibliothèques et les outils bien connus, il existe également des frameworks de niche conçus pour des applications créatives spécifiques. Par exemple, **Processing** et **p5.js** offrent des environnements de codage visuellement orientés qui sont particulièrement populaires dans le domaine de l'art et du design interactifs. Ces outils permettent aux programmeurs et aux artistes de développer de l'art algorithmique, de visualiser des données ou d'expérimenter des graphiques génératifs.

Enfin, il convient de mentionner des plateformes telles que Kaggle, qui donnent accès à des ensembles de données et à une communauté de personnes partageant les mêmes idées et passionnées par l'IA et l'apprentissage automatique. Kaggle propose également des noyaux, des carnets de notes et des concours qui peuvent servir de tutoriels pratiques, vous aidant à acquérir de nouvelles compétences et à appliquer vos connaissances dans des projets significatifs.

En résumé, la vaste gamme d'outils et de bibliothèques disponibles peut considérablement réduire la barrière à l'entrée dans le domaine de l'IA générative. En tirant parti de ces ressources, les débutants et les passionnés peuvent se concentrer sur les possibilités créatives plutôt que de se perdre dans les détails techniques. La combinaison d'interfaces conviviales, d'une documentation complète et de communautés solides rend plus facile que jamais le voyage dans le monde passionnant de l'IA générative.

Il n'y a pas d'autre solution que d'utiliser les outils et les bibliothèques disponibles.

Établir votre espace de travail

Avant de plonger dans les processus créatifs et techniques de l'IA générative, il est essentiel d'établir un espace de travail bien organisé. Un espace de travail efficace ne se contente pas de faciliter le flux de travail, il favorise également la créativité et l'expérimentation. Avec les bons outils, vous pouvez vous concentrer davantage sur la création et moins sur la résolution des problèmes techniques.

La configuration de votre espace de travail variera en fonction de vos objectifs. Vous concentrez-vous sur les modèles d'apprentissage profond, touchez-vous aux réseaux neuronaux ou êtes-vous intéressé par la création d'œuvres d'art et de musique ? Chaque domaine a ses propres exigences. Cependant, certains éléments fondamentaux s'appliquent universellement, et nous allons les aborder ici.

D'abord et avant tout, parlons du matériel. Les spécifications de votre ordinateur joueront un rôle crucial dans l'efficacité avec laquelle vous pourrez exécuter des modèles complexes. Les exigences de base comprennent un processeur moderne à plusieurs cœurs, au moins 16 Go de RAM et un GPU haut de gamme. Les GPU NVIDIA sont souvent préférés pour les tâches d'apprentissage automatique car ils prennent en charge CUDA, une plateforme de calcul parallèle qui accélère considérablement les temps de formation.

Vient ensuite votre système d'exploitation. Windows et macOS sont tous deux capables de gérer des tâches d'IA générative, mais beaucoup trouvent que Linux offre une plus grande flexibilité et une meilleure stabilité pour les tâches de calcul lourdes. Ubuntu, une distribution Linux populaire, est largement recommandée aux amateurs d'apprentissage automatique. Cela dit, ne vous sentez pas limité ; utilisez le système d'exploitation avec lequel vous êtes le plus à l'aise.

Après vous être assuré que votre matériel est à la hauteur, l'étape suivante consiste à installer quelques logiciels essentiels. Un environnement de développement robuste comme Anaconda simplifie la gestion et le déploiement des paquets. Anaconda comprend Python, Jupyter Notebooks et diverses autres bibliothèques préinstallées cruciales pour l'IA générative. Les carnets Jupyter, en particulier, offrent un moyen interactif d'écrire et de déboguer le code, ce qui peut être incroyablement bénéfique lors de l'expérimentation de différents modèles et algorithmes.

Python reste le langage dominant pour les projets d'IA générative et d'apprentissage automatique. L'installation de Python devrait donc être l'une de vos premières actions. En fonction de vos intérêts, vous pouvez également envisager d'autres langages comme R ou Julia, mais le support étendu des bibliothèques et la communauté de Python le rendent difficile à battre.

En parlant de bibliothèques, certaines bibliothèques Python essentielles dont vous aurez probablement besoin comprennent TensorFlow, Keras et PyTorch pour la construction et l'entraînement des réseaux neuronaux. Ces bibliothèques permettent d'abstraire certaines des complexités associées aux réseaux neuronaux, ce qui facilite la tâche des débutants. En outre, elles sont accompagnées d'une documentation complète et d'une assistance communautaire, ce qui peut s'avérer inestimable.

Vous voudrez également installer des bibliothèques spécialement conçues pour la manipulation et la visualisation des données, telles que NumPy, Pandas et Matplotlib. Ces outils vous aideront à nettoyer et à préparer votre ensemble de données, ainsi qu'à visualiser les résultats, offrant ainsi une compréhension plus intuitive des performances de votre modèle.

Pour ceux qui sont enclins aux projets visuels, des logiciels comme OpenCV peuvent être bénéfiques pour le traitement des images et des vidéos. De même, pour les tâches de traitement du texte et du langage naturel (NLP), des bibliothèques comme NLTK ou SpaCy seront indispensables. Ces outils fournissent des modèles et des fonctions pré-entraînés pour simplifier des tâches telles que la tokenisation, la reconnaissance d'entités et l'analyse des sentiments.

N'oubliez pas les systèmes de contrôle de version. Git est essentiel pour suivre les modifications, collaborer avec les autres et gérer les différentes versions de vos projets. GitHub ou GitLab peuvent être utilisés pour héberger vos référentiels, et tous deux proposent des options gratuites adaptées aux projets individuels. En outre, l'apprentissage des commandes de base de Git vous permettra d'acquérir des compétences utiles dans n'importe quelle discipline de codage.

Enfin, envisagez d'utiliser des environnements de développement intégré (IDE) tels que PyCharm ou Visual Studio Code. Ces outils offrent une complétion de code, une assistance au débogage et des extensions qui peuvent améliorer considérablement votre efficacité en matière de codage et réduire les erreurs. De nombreux IDE s'intègrent également de manière transparente aux systèmes de contrôle de version, ce qui vous permet de mettre à jour votre dépôt Git sans quitter votre environnement de codage.

La mise en place d'un environnement virtuel est une autre bonne pratique. Les environnements virtuels vous aident à gérer les dépendances de différents projets sans provoquer de conflits. Vous trouverez cela particulièrement utile lorsque vous jonglez avec plusieurs projets d'IA générative, chacun nécessitant différents paquets ou versions de bibliothèques.

L'informatique en nuage est une autre voie qui mérite d'être explorée, en particulier si vous ne disposez pas du matériel local nécessaire pour exécuter des modèles intensifs. Des plateformes comme AWS, Google Cloud et Microsoft Azure proposent des services d'apprentissage automatique avec de puissants GPU, et nombre d'entre elles proposent également des niveaux gratuits pour une utilisation limitée. L'utilisation de services cloud peut être rentable et offre une évolutivité que les configurations matérielles locales ne peuvent pas égaler.

Si vous travaillez en équipe ou envisagez de partager vos projets, des outils de collaboration tels que Slack, Microsoft Teams ou GitHub Projects peuvent être bénéfiques. Ces plateformes permettent une communication en temps réel, une gestion des tâches et une meilleure coordination entre les membres de l'équipe, ce qui rend les efforts de collaboration transparents.

N'oubliez pas que la mise en place d'un espace de travail efficace n'est pas un processus unique. Elle dépend en grande partie de votre objectif spécifique et des exigences de votre projet. Bien que les lignes directrices mentionnées ici soient des points de départ, n'hésitez pas à personnaliser votre installation au fur et à mesure. La flexibilité vous permettra de vous adapter aux nouveaux défis et aux nouvelles opportunités, optimisant ainsi la productivité et la créativité dans vos projets d'IA générative.

L'aménagement de votre espace de travail relève d'un certain art. C'est la base sur laquelle vos futurs chefs-d'œuvre en matière d'IA seront construits. Prenez le temps de créer une configuration qui vous servira tout au long de votre voyage, et vous vous en féliciterez plus tard. Qu'il s'agisse de régler les paramètres de votre GPU ou d'apprendre une commande Git supplémentaire, chaque petit détail contribue à une expérience plus fluide et plus agréable dans le monde de l'IA générative.

Le bon espace de travail fera de vous un génie du jour au lendemain, mais il facilitera le processus rigoureux et passionnant d'acquisition de compétences en IA générative. Allez-y, évaluez vos besoins, mettez de l'ordre dans votre matériel et vos logiciels et préparez le terrain pour des possibilités créatives infinies. Une fois que votre espace de travail sera prêt, vous serez sur la bonne voie pour explorer, expérimenter et créer d'incroyables œuvres d'art génératif.

Il n'y a pas d'autre solution que de créer des œuvres d'art génératif.

Chapitre 8 :
Les données pour l'art de l'IA

Pour véritablement exploiter la puissance de l'IA dans l'art, il est primordial de comprendre le rôle des données. Les données sont l'épine dorsale qui alimente la créativité des modèles génératifs, transformant des informations brutes en visuels hypnotiques. La collecte et la préparation de ces données impliquent l'obtention de divers ensembles de données susceptibles d'alimenter la compréhension des motifs, des textures et des compositions par l'IA. Qu'il s'agisse de conserver des milliers d'images, d'ajuster les métadonnées ou d'équilibrer les ensembles de données pour éviter les biais, chaque étape façonne le résultat des efforts artistiques de l'IA. Cependant, il est essentiel de naviguer dans ces eaux avec une conscience aiguë des considérations éthiques, en veillant à ce que les sources de données soient utilisées de manière responsable et que les droits des créateurs soient respectés. En maîtrisant les subtilités de la collecte et de la préparation des données, vous préparez le terrain pour que l'IA puisse repousser les limites de l'expression artistique, en créant des œuvres aussi innovantes que magnifiques.

Il n'y a pas d'autre solution que d'utiliser l'intelligence artificielle.

Collecte et préparation des données

Dans le domaine de l'art de l'IA, la qualité des données que vous collectez et la manière dont vous les préparez sont des étapes cruciales qui jettent les bases de vos modèles génératifs. C'est un peu comme rassembler des peintures et des pinceaux avant de commencer à peindre. Sans les bons matériaux, votre création risque de tomber à plat. Examinons le processus méticuleux de collecte et de préparation des données, afin de garantir que vos projets d'art de l'IA disposent du meilleur point de départ possible.

Avant de plonger dans les détails techniques, il est essentiel de comprendre quel type de données est utile pour l'art de l'IA. Il s'agit généralement d'images, mais aussi de sons, de textes ou même d'un mélange de ces éléments. La première étape consiste à définir la portée de votre projet et à identifier le type spécifique de données qui sera le plus efficace. Par exemple, si vous cherchez à générer de l'art abstrait, vous pouvez opter pour un ensemble de données riche en styles visuels divers. Si votre objectif est de créer de la musique, vous rechercherez des échantillons audio.

Une fois que vous avez identifié le type de données dont vous avez besoin, l'étape suivante consiste à les trouver. C'est plus facile à dire qu'à faire. Vous devrez explorer divers dépôts, bases de données en ligne et même envisager de créer votre propre ensemble de données. Parmi les sources populaires de données d'images figurent des sites web comme Unsplash, Google Images et des bases de données spécialisées comme ImageNet. Pour le texte, des référentiels tels que le Projet Gutenberg ou les ensembles de données linguistiques de Kaggle peuvent s'avérer très utiles. Le son peut provenir de bibliothèques de sons gratuites ou de collections préexistantes d'extraits musicaux.

On ne saurait trop insister sur les considérations éthiques de la collecte de données. Le respect des droits d'auteur et de la vie privée est primordial. Dans de nombreux cas, il est conseillé d'utiliser des ensembles de données accessibles au public ou à source ouverte. Lorsque vous ne pouvez pas éviter d'utiliser du matériel protégé par des droits d'auteur, assurez-vous d'avoir les autorisations nécessaires et de bien comprendre les accords de licence qui y sont associés. Pensez également aux implications éthiques des données que vous utilisez. Soyez attentif aux biais et assurez-vous que votre ensemble de données représente une distribution juste et précise.

Après avoir recueilli vos données, la phase de préparation commence. Cette étape est moins glamour mais tout aussi cruciale. Les données brutes ne sont presque jamais dans le format idéal pour l'entraînement des modèles. Vous devez les nettoyer, les filtrer et éventuellement les enrichir pour les rendre utiles. Le nettoyage des données peut consister à supprimer les doublons, à corriger les erreurs ou à écarter les échantillons non pertinents. Le filtrage vous permet de vous concentrer sur les échantillons les plus représentatifs, augmentant ainsi la qualité de votre ensemble d'entraînement.

Pour les ensembles de données d'images, les techniques d'augmentation des données peuvent être particulièrement utiles. Ces méthodes comprennent le recadrage aléatoire, le retournement, la rotation et l'ajustement des couleurs. L'objectif est de rendre votre ensemble de données plus robuste en introduisant des variations que le modèle pourrait rencontrer dans des scénarios réels. Ainsi, votre modèle n'apprendra pas seulement à reproduire les images exactes, mais il saisira les modèles et les structures sous-jacents.

La normalisation est une autre étape essentielle de la préparation des données. Différents ensembles de données peuvent présenter des plages de valeurs variables, ce qui peut perturber le modèle au cours de la formation. La normalisation des données garantit que chaque caractéristique contribue de manière égale au processus d'apprentissage. Pour les images, il s'agit souvent de modifier les valeurs des pixels dans une plage standard telle que 0 à 1 ou -1 à 1. Pour les ensembles de données textuelles, la normalisation peut consister à convertir tous les textes en minuscules ou à supprimer les caractères spéciaux.

L'étape suivante consiste à diviser votre ensemble de données en ensembles de formation, de validation et de test. Cette approche vous permet d'évaluer avec précision les performances de votre modèle. L'ensemble de formation est utilisé pour former le modèle, tandis que l'ensemble de validation permet de l'ajuster. L'ensemble de test, que le modèle n'a jamais vu auparavant, permet de mesurer sa capacité de généralisation à de nouvelles données. Une pratique courante consiste à affecter 70 à 80 % des données à la formation, 10 à 20 % à la validation et les 10 à 20 % restants au test. Cette répartition permet de s'assurer que votre modèle est non seulement bien formé, mais aussi bien testé.

Pour les données textuelles, des étapes de prétraitement supplémentaires sont nécessaires. La tokenisation est le processus de décomposition du texte en unités plus petites telles que des mots ou des sous-mots. La lemmatisation et le stemming peuvent ensuite être appliqués pour réduire les mots à leur forme racine, simplifiant ainsi le vocabulaire sans en perdre le sens. La suppression des mots vides, tels que "et", "mais" et "le", permet de réduire le bruit et de se concentrer sur les parties les plus importantes du texte. Toutes ces étapes de prétraitement visent à rendre les données textuelles plus digestes pour le modèle.

Dans les cas où vous avez besoin d'un ensemble de données personnalisé difficile à obtenir, envisagez de générer des données synthétiques. Par exemple, à l'aide d'outils tels que StyleGAN, vous pouvez créer de nouvelles images en entraînant un GAN sur un ensemble plus petit. Ces données synthétisées peuvent alors compléter votre jeu de données principal, le rendant plus important et plus diversifié. Cependant, soyez prudent et ne vous fiez pas trop aux données synthétiques, car elles peuvent introduire leurs propres biais.

L'organisation de votre ensemble de données est l'étape finale mais cruciale avant de l'introduire dans votre modèle. Veillez à ce que vos données soient bien structurées, avec des hiérarchies de répertoires claires et un étiquetage approprié. Pour les images, il peut s'agir d'organiser les fichiers en sous-dossiers par catégorie. Pour le texte, des formats structurés tels que CSV ou JSON peuvent aider à garder les données ordonnées et accessibles. Les données sonores peuvent être organisées par genre ou par instrument.

La documentation n'est pas non plus à négliger. La tenue de registres détaillés des sources de données, des étapes de prétraitement et des décisions prises lors de la préparation des données peut contribuer à maintenir la transparence et la reproductibilité. En outre, il est ainsi plus facile de revenir sur votre projet ou de le partager avec d'autres à l'avenir. Utilisez des commentaires de code, des fichiers readme et même des outils de documentation dédiés pour vous assurer que tous ces détails sont consignés.

Enfin, n'oubliez pas que la collecte et la préparation des données constituent souvent un processus itératif. Au fur et à mesure que vous progressez dans vos projets d'art de l'IA, vous devrez peut-être revenir sur ces étapes pour affiner votre ensemble de données. Vous découvrirez peut-être que votre modèle ne fonctionne pas bien sur certains types d'images ou que la génération de texte nécessite des données plus variées. Le fait d'être flexible et prêt à s'adapter vous sera utile lorsque vous vous aventurerez plus profondément dans le monde de l'art génératif de l'IA.

En examinant attentivement chaque aspect de la collecte et de la préparation des données, vous préparez le terrain pour des projets d'art génératif de l'IA couronnés de succès. Avec un ensemble de données propre, bien organisé et éthique, vos modèles génératifs sont plus susceptibles de produire des résultats impressionnants et créatifs. Adoptez ce travail fondamental, et vous serez immensément récompensé lorsque vous verrez l'art étonnant et original que votre IA peut produire.

Il n'y a pas d'autre solution que de se concentrer sur la collecte de données et la préparation.

Considérations éthiques

Lorsque l'on plonge dans le monde de l'art généré par l'IA, les considérations éthiques jouent un rôle essentiel. Alors que les technologies de l'IA continuent d'évoluer et d'imprégner les domaines créatifs, il est essentiel d'examiner le paysage éthique qui accompagne cette transformation. Les politiques, les lignes directrices et les normes sociétales sont souvent remises en question par les progrès rapides de l'IA, et cette section vise à faire la lumière sur les principales préoccupations éthiques que soulève l'utilisation des données pour l'art généré par l'IA.

L'une des questions éthiques les plus pressantes concerne la confidentialité des données. Les modèles d'IA utilisés pour créer des œuvres d'art nécessitent souvent de grandes quantités de données, fréquemment collectées sur l'internet. Ces données peuvent inclure des informations personnelles, des images et d'autres formes de médias. La légalité et la moralité de la collecte de ces données sans consentement explicite sont remises en question. Les créateurs et les développeurs doivent se demander s'ils respectent le droit à la vie privée des personnes dont les données sont utilisées pour former des modèles d'IA. La transparence des pratiques de collecte des données et l'obtention d'un consentement adéquat sont des étapes fondamentales pour garantir le respect de l'éthique.

L'équité et la représentation sont également des préoccupations importantes. Les ensembles de données utilisés pour former les modèles d'IA reflètent souvent les préjugés de la société dont ils sont issus. Si un ensemble de données manque de diversité, l'art généré par l'IA qui en résulte pourrait perpétuer des stéréotypes ou exclure complètement certains groupes. Par exemple, si la majorité des données présente des styles et des sujets artistiques occidentaux, les résultats de l'IA risquent de négliger les formes et les perspectives non occidentales. Garantir la diversité et la représentativité des données pourrait permettre d'atténuer ce biais, contribuant ainsi à un art généré par l'IA plus inclusif et plus équilibré.

Un autre aspect critique est la possibilité que l'art généré par l'IA porte atteinte aux droits de propriété intellectuelle. De nombreux modèles d'IA sont formés sur des œuvres d'art existantes, souvent sans l'autorisation des créateurs originaux. Cela soulève des questions sur la propriété de l'art généré par l'IA. Le résultat appartient-il au créateur de l'IA, à la personne qui génère l'œuvre d'art ou aux innombrables artistes dont les œuvres ont été utilisées pour former le modèle ? Des lignes directrices et des cadres juridiques clairs sont nécessaires pour traiter ces questions de propriété, en protégeant les droits des artistes originaux tout en encourageant l'innovation.

L'impact environnemental des opérations d'IA à grande échelle est une question éthique émergente qui ne peut être ignorée. L'entraînement de modèles d'IA sophistiqués nécessite des ressources informatiques considérables, ce qui entraîne une consommation d'énergie et des émissions de carbone importantes. À l'heure où le monde est confronté au changement climatique, il est important que les développeurs et les artistes prennent en compte l'empreinte écologique de leurs projets d'IA. L'adoption d'algorithmes économes en énergie et de pratiques informatiques durables pourrait constituer une étape vers l'atténuation de cet impact.

La transparence et l'explicabilité dans l'art de l'IA sont également essentielles. Les utilisateurs et le public doivent comprendre comment les modèles d'IA parviennent à leurs résultats créatifs. Alors que les modèles d'apprentissage profond fonctionnent souvent comme des "boîtes noires", il existe une demande croissante pour une IA explicable. Cette transparence peut favoriser la confiance et permettre aux utilisateurs de prendre des décisions éclairées sur l'éthique et l'authenticité de l'art généré par l'IA. Elle encourage les créateurs à développer des modèles qui ne sont pas seulement puissants mais aussi interprétables.

Les considérations éthiques s'étendent également à l'utilisation potentiellement abusive de l'art généré par l'IA. La technologie Deepfake, par exemple, a mis en évidence la façon dont l'IA générative peut être utilisée pour créer des contenus trompeurs ou nuisibles. L'art généré par l'IA pourrait être utilisé à des fins malveillantes pour falsifier des œuvres d'art, créer des contrefaçons ou diffuser des informations erronées. Les développeurs et les artistes doivent être vigilants face à ces risques et adopter des mesures pour prévenir de tels abus. La mise en œuvre de techniques de filigrane ou d'autres formes d'authentification numérique pourrait contribuer à préserver l'intégrité des œuvres générées par l'IA.

L'accessibilité est un autre facteur éthique important. Les outils et technologies d'IA pour la création artistique devraient être accessibles à un large éventail de personnes, et pas seulement à celles qui disposent d'une expertise technique ou de ressources financières substantielles. Démocratiser l'accès aux outils artistiques de l'IA peut permettre à un groupe plus diversifié de créateurs de participer au mouvement artistique de l'IA, en favorisant l'innovation et en encourageant des perspectives différentes. Les outils libres et les ressources éducatives peuvent jouer un rôle important pour rendre la création artistique en matière d'IA plus inclusive.

Enfin, l'impact sur la créativité humaine mérite d'être pris en considération. Si l'IA peut accroître la créativité humaine, certains craignent qu'elle ne diminue la valeur de l'art créé par l'homme. En inondant le marché d'œuvres générées par l'IA, nous pourrions miner l'appréciation des qualités uniques et irremplaçables de l'artisanat humain. Il est essentiel de trouver un équilibre où l'IA complète la créativité humaine au lieu de la concurrencer, en valorisant les deux formes d'expression artistique.

En conclusion, les considérations éthiques dans le domaine de l'art généré par l'IA sont multiples et complexes. Elles englobent les questions de vie privée, de représentation, de propriété intellectuelle, d'impact environnemental, de transparence, d'abus, d'accessibilité et de préservation de la créativité humaine. Alors que l'IA continue de révolutionner le monde de l'art, il est essentiel de répondre à ces préoccupations éthiques par des approches réfléchies et bien informées afin d'exploiter tout son potentiel de manière responsable.

Chapitre 9 :
Création d'art visuel avec l'IA générative

Faisant le lien entre les domaines de la technologie et de l'esthétique, la création d'art visuel avec l'IA générative ouvre un monde où les algorithmes et la créativité se rejoignent de manière remarquable. En exploitant divers modèles d'IA, les artistes peuvent créer des œuvres uniques et captivantes qui repoussent les limites des formes d'art conventionnelles. Qu'il s'agisse d'entraîner un réseau neuronal à imiter le style de peintres célèbres ou d'utiliser des GAN pour créer des paysages surréalistes, le potentiel d'innovation est immense. Les passionnés peuvent commencer avec des outils accessibles et se lancer progressivement dans des techniques plus complexes, en trouvant la liberté dans le mélange de l'intuition humaine et de la précision de la machine. En vous lançant dans cette aventure, n'oubliez pas que chaque pixel généré est un pas vers la découverte de nouveaux modes d'expression artistique, la remise en question des paradigmes traditionnels et l'élargissement des horizons de la créativité visuelle.

La création visuelle est un art qui s'épanouit.

Bases de l'art de l'IA

Se plonger dans les bases de l'art de l'IA, c'est comprendre comment les modèles d'apprentissage automatique, en particulier les algorithmes génératifs, peuvent créer des œuvres visuelles. L'art de l'IA implique l'utilisation d'algorithmes pour générer des images, des vidéos et d'autres médias visuels d'une manière qui imite souvent la créativité humaine. Bien qu'il s'agisse d'un domaine technologique, le résultat peut être profondément artistique et évocateur. Avec les bons outils et la bonne compréhension, presque tout le monde peut créer des œuvres d'art d'IA convaincantes.

Le concept d'utilisation d'un algorithme qui apprend à partir d'un ensemble de données est au cœur de la création d'œuvres d'art d'IA. Cet ensemble de données se compose généralement d'images que l'algorithme analyse afin de comprendre les modèles, les styles et les éléments de la composition visuelle. Grâce à l'apprentissage, l'algorithme devient capable de générer de nouvelles images qui sont à la fois originales et inspirées par les données sur lesquelles il a été formé. C'est là que la magie commence : un processus d'apprentissage automatique produit quelque chose de nouveau et d'inattendu.

L'une des techniques fondamentales de l'art de l'IA est l'utilisation de réseaux adversoriels génératifs (GAN). Les GAN opposent deux réseaux neuronaux : l'un génère l'art (le générateur), tandis que l'autre tente de détecter si l'art est réel ou généré (le discriminateur). Au fil du temps, le générateur améliore son art, produisant des images de plus en plus sophistiquées. Cet élément concurrentiel favorise la production d'images complexes et de haute qualité. Cependant, les GAN ont leurs complexités et ne sont qu'une façon d'aborder l'art de l'IA.

Un autre concept important est celui des autoencodeurs variationnels (VAE). Les VAE se concentrent également sur la génération de nouvelles données similaires à un ensemble de données donné, mais ils le font différemment des GAN. Les VAE tentent de compresser les données dans un espace latent plus petit, puis de les décoder en une image. Cette technique permet de mieux contrôler les images générées, car il est possible d'interpoler entre les points de l'espace latent pour obtenir des variations d'images générées. Les GAN et les VAE constituent une bonne partie de la boîte à outils de l'artiste en IA, chacun offrant des capacités et des avantages uniques.

La compréhension de ces modèles ne se limite pas aux mathématiques et aux algorithmes qui les sous-tendent ; il s'agit également de saisir le potentiel artistique qu'ils offrent. Lorsque vous entraînez un GAN ou un VAE sur un ensemble de données de peintures classiques, par exemple, le résultat peut évoquer l'esthétique traditionnelle avec une touche de modernité. Les résultats peuvent être à la fois inattendus et délicieusement nouveaux. Cette convergence de la technologie et de l'art repousse les limites de ce que nous considérons comme une expression créative.

Des outils et des bibliothèques comme TensorFlow, PyTorch et RunwayML ont rendu de plus en plus accessible aux enthousiastes et aux débutants de commencer à expérimenter l'IA générative. Ces plateformes offrent des modèles préconstruits et des interfaces conviviales qui vous permettent de vous concentrer sur les aspects créatifs plutôt que sur les obstacles techniques. Ces outils constituent d'excellents points d'entrée, vous aidant à comprendre les bases sans avoir besoin de plonger dans un code complexe.

Cependant, connaître les outils ne représente que la moitié de la bataille. L'autre moitié consiste à comprendre comment préparer vos données et définir vos objectifs. Un ensemble de données mal choisi peut produire un art peu impressionnant, voire absurde, tandis qu'un ensemble bien sélectionné peut produire des résultats visuellement étonnants. Il est donc essentiel de réfléchir aux données que vous utilisez et à la manière dont vous les traitez. Que vous tiriez des images de collections de musées ou de vos propres photographies, la préparation peut influencer considérablement le résultat final.

La créativité dans l'art de l'IA vient également des ajustements et de l'expérimentation. De petites modifications de l'ensemble de données, des paramètres du modèle ou même de la structure du réseau neuronal peuvent conduire à des résultats étonnamment différents. Il s'agit d'une pratique d'itération, de raffinement et parfois d'accidents heureux. Comme pour toute forme d'art, il n'y a pas de règles fixes, et plus on expérimente, plus on découvre de nouvelles dimensions de la créativité.

En plus des compétences techniques et de la créativité, la création d'œuvres d'art en matière d'IA comporte également un aspect émotionnel et philosophique. Des questions se posent souvent : Qu'est-ce que cela signifie pour une machine de créer de l'art ? Comment cette nouvelle forme d'art s'inscrit-elle dans le contexte plus large des efforts artistiques humains ? Ces questions méritent d'être posées lorsque l'on plonge dans le monde des images générées par l'IA. Loin d'être purement académiques, ces questions peuvent éclairer votre pratique, en vous guidant vers des créations plus réfléchies.

La beauté de l'art généré par l'IA réside dans son mélange de prévisibilité et de surprise. Les algorithmes peuvent générer des images basées sur des modèles de données appris, mais les spécificités de chaque pièce générée sont souvent imprévisibles. Cela génère une délicieuse tension entre ce que vous attendez de la machine et ce qu'elle fait réellement. Dans cette interaction, vous trouverez des moments de sérendipité, où les "erreurs" ou les "choix" de la machine aboutissent à quelque chose de vraiment unique et fascinant.

En continuant à explorer et à expérimenter, vous découvrirez que l'art de l'IA n'est pas seulement une question de création, mais aussi de collaboration. Vous et l'algorithme formez un partenariat, chaque itération s'appuyant sur la précédente. Cette boucle de rétroaction continue de création et d'amélioration peut conduire à des œuvres de plus en plus sophistiquées et intéressantes. En fait, vous n'êtes pas seulement un créateur utilisant un outil, vous devenez un collaborateur, travaillant en tandem avec un système intelligent.

Enfin, alors que vous maîtrisez les bases de l'art de l'IA, n'oubliez pas qu'il s'agit d'un domaine en plein essor. De nouvelles techniques, de nouveaux outils et de nouveaux algorithmes sont constamment développés. En vous tenant au courant des dernières avancées, vous pourrez non seulement améliorer vos compétences techniques, mais aussi stimuler votre imagination créative. En participant à des communautés en ligne, en assistant à des ateliers et en expérimentant continuellement, vous resterez à la pointe de cette passionnante intersection de la technologie et de l'art.

En résumé, les bases de l'art de l'IA jettent les bases d'une exploration remplie à la fois d'apprentissage technique et de découverte créative. De la compréhension des algorithmes à la préparation des ensembles de données, en passant par l'utilisation des outils et l'ajustement des paramètres, le voyage est aussi enrichissant que la destination. Alors, lancez-vous, expérimentez et laissez la confluence de l'art et de l'intelligence artificielle se déployer dans vos créations uniques.

Outils et techniques

Se lancer dans la création d'œuvres d'art visuel avec l'IA générative, c'est allier l'imagination à une technologie révolutionnaire. Les outils et les techniques que vous choisissez peuvent faire toute la différence. Tout comme un peintre choisit ses pinceaux et un sculpteur ses ciseaux, vous devez aligner votre vision créative sur les outils et techniques d'IA les plus appropriés. Cette section se penche sur la gamme d'instruments et de méthodes numériques qui deviendront vos cocréateurs.

Commençons par les outils logiciels. Il existe plusieurs bibliothèques et frameworks populaires qui peuvent jouer un rôle déterminant dans la création d'œuvres d'art visuelles. *TensorFlow* et *PyTorch* sont les options de choix pour de nombreux passionnés d'apprentissage automatique. Ces bibliothèques proposent des modèles préconstruits et une documentation complète. Bien qu'elles puissent sembler complexes au premier abord, un peu de pratique révélera leur véritable potentiel et leur flexibilité. Un autre outil largement utilisé est **Processing**, un langage de programmation open-source et un IDE conçu pour les arts électroniques et les projets de nouveaux médias. Sa polyvalence en fait un outil idéal pour exploiter les modèles génératifs dans les arts visuels.

Il y a ensuite *Runway*, une plateforme de haut niveau conçue pour les artistes et les concepteurs qui souhaitent utiliser l'IA sans se plonger trop profondément dans le codage. Elle fournit une interface conviviale pour divers modèles génératifs, rendant l'IA sophistiquée accessible aux créatifs ayant des compétences techniques limitées. Avec Runway, vous pouvez expérimenter avec des modèles pré-entraînés ou même entraîner les vôtres, ce qui ouvre des possibilités infinies.

Un concept essentiel qui mérite d'être saisi est le rôle des **frameworks**. Les frameworks comblent le fossé entre vos idées artistiques de haut niveau et les rouages complexes des algorithmes d'apprentissage automatique. L'un de ces cadres est *Processing.py*, une implémentation Python du logiciel Processing qui facilite l'intégration de l'IA. Une autre option est *Fast.ai*, qui offre des solutions prêtes à l'emploi avec des API plus simples, ce qui le rend convivial pour les novices dans ce domaine. Ces cadres agissent comme un échafaudage, permettant à votre créativité de s'envoler sans nécessiter une compréhension approfondie de chaque détail technique.

Pour ceux qui s'intéressent à la collaboration et au partage de leurs créations, des plateformes comme *GitHub* et *Colab* sont indispensables. GitHub est un service d'hébergement de dépôts où vous pouvez partager du code, obtenir des commentaires et même collaborer avec d'autres artistes et développeurs. Colab, abréviation de Google Colaboratory, fournit un environnement de bloc-notes

Jupyter basé sur le cloud où vous pouvez écrire et exécuter du code Python. Il est particulièrement utile pour les projets qui nécessitent une puissance de calcul importante, car vous pouvez exploiter les GPU et TPU de Google pour accélérer les temps de traitement.

Les données sont l'élément vital de tout projet d'IA, et cela vaut également pour la création d'œuvres d'art visuelles. La **collecte de données** et la **préparation** sont des étapes cruciales qu'il ne faut pas négliger. Des ensembles de données diversifiés et de grande qualité permettent de créer des œuvres plus nuancées et plus convaincantes. Des sites web tels que *Kaggle* et *Google Dataset Search* offrent un trésor d'ensembles de données couvrant un large éventail de sujets et de styles. Une fois que vous avez trouvé vos données, le nettoyage et le prétraitement deviennent le défi suivant. Des outils comme **OpenCV** et **Pandas** peuvent vous aider dans ce processus, en veillant à ce que vos données soient en état optimal pour la formation des modèles.

Un autre aspect clé est le choix de la **bonne architecture de modèle**. Les réseaux neuronaux convolutifs (CNN) sont souvent utilisés en raison de leur capacité à traiter efficacement les données d'image. Les autoencodeurs variationnels (VAE) et les réseaux adversaires génératifs (GAN) sont des choix populaires pour générer de nouvelles images en fonction des données d'entrée. Chaque architecture a ses forces et ses faiblesses, et le choix dépend du type d'art que vous avez l'intention de créer. Par exemple, les GAN sont particulièrement aptes à générer des images réalistes, tandis que les VAE sont connus pour leur capacité à englober un large éventail de styles dans leurs espaces latents.

La phase de formation elle-même est une danse complexe. Vous devrez souvent affiner les hyperparamètres tels que le taux d'apprentissage, la taille du lot et le nombre d'époques pour obtenir les résultats souhaités. C'est un processus qui implique beaucoup d'essais et d'erreurs, mais la récompense est à la hauteur de l'effort. Des outils tels que *TensorBoard* permettent de suivre et de visualiser la progression de l'apprentissage, offrant ainsi un aperçu de l'évolution de votre modèle et des ajustements nécessaires.

Post-entraînement, le plaisir commence. Des techniques telles que le **transfert de style** peuvent transformer des images banales en œuvres d'art époustouflantes. Le transfert de style consiste à prendre le style d'une image et à l'appliquer au contenu d'une autre. Des outils tels que *DeepDream* et **Neural Style Transfer** rendent ce processus plus accessible, permettant d'obtenir des résultats intrigants avec un effort relativement minime.

Le peaufinage ne s'arrête pas aux aspects techniques. Adobe Photoshop et *GIMP* permettent d'améliorer et de peaufiner l'art créé par l'IA en y apportant votre touche personnelle.

Ne négligez pas l'importance des **boucles de rétroaction**. L'intégration d'un retour d'information itératif peut conduire à des améliorations substantielles de votre travail. Utilisez les plateformes de médias sociaux, les communautés artistiques en ligne et les forums d'IA pour recueillir des critiques et des suggestions. S'engager auprès de ces communautés permet non seulement d'obtenir des informations précieuses, mais aussi de favoriser la collaboration et l'inspiration.

Enfin, gardez un œil sur les **techniques et les tendances** émergentes. Le domaine de l'IA générative est en constante évolution, avec de nouveaux modèles et méthodologies qui enrichissent continuellement le paysage. Se tenir au courant des dernières recherches et évolutions peut vous apporter des idées nouvelles et des moyens innovants d'améliorer votre art. Les sites web comme *ArXiv* et les blogs consacrés à l'IA sont d'excellentes ressources pour se tenir informé des dernières avancées.

En résumé, les outils et les techniques de création d'art visuel avec l'IA générative sont divers et puissants. En choisissant la bonne combinaison de logiciels, de cadres et de méthodes, vous pouvez donner vie à votre vision artistique unique. L'essentiel est d'expérimenter, de collaborer et d'affiner continuellement votre approche. La fusion de la créativité humaine et des capacités de l'IA promet un avenir où l'art ne connaîtra plus de limites.

Chapitre 10 :
Générer de la musique avec l'IA

Imaginez la fusion de l'âme d'un compositeur humain avec les prouesses informatiques de l'intelligence artificielle. Ce chapitre explore les frontières palpitantes de la création musicale avec l'IA, où les algorithmes ne se contentent pas de suivre les notes, mais créent des symphonies. Nous verrons comment les modèles d'IA, armés de l'apprentissage profond et des réseaux neuronaux, peuvent à la fois imiter les structures musicales traditionnelles et innover en la matière. Ces systèmes d'IA peuvent être entraînés sur de vastes ensembles de données de musique classique, de jazz et de musique contemporaine, puis générer de nouvelles compositions qui vont de la beauté obsédante à l'expérimentation intrigante. Avec des outils et des logiciels accessibles, tels que MuseNet d'OpenAI ou Magenta de Google, même les amateurs peuvent expérimenter la création de mélodies uniques. En faisant tomber les barrières entre la technologie et l'art, vous découvrirez que la musique générée par l'IA n'est pas seulement un concept futuriste, mais une réalité en plein essor, mûre pour l'exploration et l'innovation.

Introduction à la musique d'IA

Bienvenue dans le monde fascinant de la musique d'IA, un domaine où l'intelligence artificielle et la créativité se mêlent pour produire des mélodies et des harmonies qui peuvent étonner les sens. Dans le cadre de notre voyage "Générer de la musique avec l'IA", la première étape consiste à comprendre ce qu'implique la musique d'IA et à prendre conscience de son potentiel et de ses applications. Cette aventure commence par un examen de la manière dont les systèmes d'IA, employant divers algorithmes et modèles, peuvent apprendre, interpréter et créer de la musique en imitant la manière dont les humains comprennent et génèrent des compositions musicales.

L'intelligence artificielle, en particulier l'IA générative, a eu un impact significatif sur de nombreux domaines créatifs, et la musique n'y fait pas exception. En tirant parti de techniques avancées d'apprentissage automatique et de réseaux neuronaux, les systèmes d'IA peuvent composer de la musique qui rivalise avec ce que les artistes humains peuvent produire, voire le complète. Mais ce qui rend la musique d'IA vraiment révolutionnaire, c'est sa capacité à puiser dans de vastes ensembles de données, à décomposer des structures musicales complexes et à générer des compositions fraîches et originales à une échelle sans précédent. Cette section explore les éléments fondamentaux qui rendent cela possible, préparant le terrain pour des plongées plus profondes dans les outils et les techniques abordés dans les chapitres suivants.

Les origines de l'IA en musique remontent aux premières expériences de composition algorithmique. Les premiers pionniers ont utilisé des règles simples et des systèmes basés sur les probabilités pour générer de la musique, mais les systèmes d'IA d'aujourd'hui ont évolué bien au-delà de ces méthodes rudimentaires. Les algorithmes d'IA modernes peuvent analyser et apprendre à partir de compositions existantes, comprendre différents styles et genres musicaux, et même générer des partitions que les professionnels peuvent interpréter. Cette combinaison d'apprentissage automatique et de création artistique a ouvert la voie à de nouvelles possibilités, permettant aux musiciens amateurs comme aux compositeurs chevronnés d'explorer des territoires musicaux inexplorés.

Pour comprendre la musique d'IA, il faut d'abord reconnaître les composantes essentielles de la musique elle-même : la mélodie, l'harmonie, le rythme et le timbre. Ces éléments sont les éléments de base que les systèmes d'IA doivent apprendre à manipuler efficacement. Par exemple, les réseaux neuronaux peuvent être entraînés à reconnaître des modèles dans les mélodies et les harmonies, ce qui leur permet de générer des séquences à la fois cohérentes et musicalement attrayantes. Les nuances de rythme et de timbre ajoutent une autre couche de complexité, nécessitant des modèles sophistiqués pour saisir les subtilités du tempo et des textures instrumentales.

L'apprentissage profond et les réseaux neuronaux, en particulier les réseaux neuronaux convolutifs (CNN) et les réseaux neuronaux récurrents (RNN), jouent un rôle essentiel dans le processus de génération de musique par l'IA. Les CNN sont capables de reconnaître des modèles dans de grands ensembles de données, ce qui les rend adaptés à l'analyse des partitions musicales et des pistes audio. Les RNN, grâce à leur capacité à traiter des séquences, excellent dans la génération de nouvelles séquences de notes et de rythmes qui conservent un flux logique. Ces techniques permettent aux systèmes d'IA de "comprendre" la musique à un niveau plus profond, facilitant la création de compositions qui peuvent évoquer des émotions et raconter une histoire.

On peut se demander : "L'IA peut-elle vraiment reproduire la créativité inhérente aux compositeurs humains ?" Si l'IA ne dispose pas des expériences émotionnelles et des interprétations subjectives que les artistes humains apportent à leur travail, elle peut néanmoins produire des compositions étonnamment créatives et émouvantes. En apprenant à partir d'un large éventail de styles musicaux et de contextes historiques, les systèmes d'IA sont particulièrement bien placés pour mélanger les genres, innover de nouvelles sonorités et même collaborer avec des artistes humains pour créer des compositions hybrides uniques. La synergie entre la créativité humaine et l'intelligence artificielle repousse les limites de l'exploration musicale, conduisant à des pièces innovantes et expérimentales qu'il serait presque impossible de concevoir de manière isolée.

Il est important de souligner la nature collaborative de la génération de musique par l'IA. Les outils d'IA ne sont pas là pour remplacer les musiciens humains, mais pour accroître leurs capacités. Par exemple, l'IA peut aider à générer des partitions de fond, suggérer des progressions d'accords, voire créer des symphonies entières sur la base de quelques paramètres définis par l'utilisateur. Les musiciens peuvent ainsi se concentrer sur des décisions créatives de haut niveau, tandis que l'IA gère les tâches répétitives et fastidieuses. Il en résulte un flux de travail plus efficace, qui permet aux artistes de produire plus rapidement de la musique de meilleure qualité.

De plus, la technologie musicale de l'IA a démocratisé le processus de production musicale. Aujourd'hui, il n'est pas nécessaire d'être un musicien chevronné ou d'avoir accès à un studio professionnel pour créer de la musique convaincante. Grâce aux outils alimentés par l'IA, les amateurs et les débutants peuvent composer, éditer et produire de la musique à partir de leur ordinateur ou même de leur appareil mobile. Cette démocratisation favorise un paysage musical plus inclusif et plus diversifié, où des personnes de tous horizons peuvent exprimer leur créativité.

Les applications de l'IA dans la musique vont au-delà de la composition et de la production. Dans le domaine de l'éducation musicale, les outils d'IA peuvent fournir un tutorat personnalisé, aider aux routines d'entraînement et offrir un retour d'information en temps réel sur les performances. Ces systèmes intelligents peuvent s'adapter au rythme d'apprentissage des élèves, ce qui rend l'éducation musicale plus accessible et plus efficace. Par exemple, les applications pilotées par l'IA peuvent analyser le jeu d'un élève, identifier les erreurs et suggérer des corrections, offrant ainsi une expérience d'apprentissage hautement personnalisée et interactive.

L'expérience du concert est un autre domaine dans lequel l'IA a commencé à faire sa marque. Les spectacles en direct intègrent de plus en plus de visuels et de sons générés par l'IA pour créer des expériences immersives. Certains artistes utilisent l'IA pour générer de la musique en direct et en temps réel, en réagissant aux réactions du public et aux facteurs environnementaux, créant ainsi une performance unique pour chaque spectacle. Ce croisement entre l'IA et la musique en direct ouvre de nouvelles voies pour l'engagement du public et l'expression artistique.

Si le potentiel de l'IA dans la musique est vaste, il n'est pas sans poser de problèmes. La question de l'originalité et de la paternité de l'œuvre constitue une préoccupation majeure. Lorsqu'une IA génère un morceau de musique, qui détient les droits d'auteur ? La musique créée par l'IA peut-elle être considérée comme réellement originale si elle s'appuie largement sur des compositions existantes pour l'apprentissage ? Ces questions n'ont pas de réponses directes et continuent de susciter des débats parmi les musiciens, les technologues et les juristes. Les implications éthiques, que nous explorerons en profondeur dans les chapitres suivants, sont cruciales pour façonner le futur paysage de la musique d'IA.

En conclusion, l'introduction à la musique d'IA sert d'amorce pour comprendre les principes fondamentaux et les possibilités incroyables que cette technologie apporte au domaine musical. En examinant comment les systèmes d'IA peuvent apprendre, interpréter et générer de la musique, nous espérons vous inciter à explorer davantage les applications créatives de l'IA. Que vous soyez un musicien en herbe désireux d'expérimenter de nouveaux outils ou un passionné curieux de l'intersection de la technologie et de l'art, l'IA musicale offre un champ d'exploration riche et passionnant.

Musique.

Outils et techniques

Générer de la musique avec l'IA est un mélange exaltant de technologie et de créativité artistique. Mais avant de se lancer, il est essentiel de comprendre les outils et les techniques qui peuvent vous aider à donner vie à vos idées musicales. En tirant parti des bons outils, vous pouvez vous frayer un chemin dans la complexité de la composition musicale pilotée par l'IA et créer quelque chose de vraiment unique. Que vous soyez débutant ou enthousiaste, le fait de comprendre l'essentiel ouvrira la voie à votre exploration. Cette section vous guidera à travers les outils et les techniques les plus efficaces pour générer de la musique avec l'IA, en vous fournissant les connaissances nécessaires pour démarrer vos propres projets.

L'une des premières étapes consiste à choisir le bon outil logiciel. Il existe plusieurs outils populaires, chacun ayant ses propres forces et faiblesses. Parmi les plus utilisés, citons Magenta Studio de Google AI, Amper Music, AIVA et MuseNet d'OpenAI. Magenta Studio propose une suite complète de plugins conçus pour la création musicale, en mettant l'accent sur la combinaison de l'art humain et de l'apprentissage automatique. Amper Music et AIVA sont excellents pour ceux qui cherchent à créer efficacement de la musique libre de droits, en s'appuyant sur des modèles préconfigurés pour rationaliser le processus. MuseNet, quant à lui, se distingue par sa capacité à générer de la musique avec des structures complexes, couvrant une variété de genres et de styles.

Après avoir choisi votre logiciel, l'étape suivante consiste à configurer votre espace de travail. Pour garantir le bon déroulement des opérations, il est essentiel de disposer d'un ordinateur puissant doté d'une puissance de traitement et d'une mémoire suffisantes. La génération de musique peut être très gourmande en ressources informatiques, et une configuration matérielle dédiée peut considérablement améliorer votre flux de travail. En outre, veillez à installer toutes les bibliothèques et dépendances nécessaires. De nombreux outils musicaux d'IA reposent sur des packages tels que TensorFlow, PyTorch et diverses bibliothèques de traitement audio. Le fait de les avoir préinstallés peut vous faire gagner un temps précieux.

Le cœur de la génération de musique d'IA réside souvent dans les modèles d'apprentissage automatique employés. Ces modèles sont entraînés sur de vastes ensembles de données contenant divers genres, styles et compositions. L'une des techniques couramment employées consiste à utiliser des réseaux neuronaux, en particulier des réseaux neuronaux récurrents (RNN) et des réseaux à mémoire à long terme (LSTM). Ces réseaux sont conçus pour traiter des données séquentielles, ce qui les rend bien adaptés à la musique, qui est par nature séquentielle. En entraînant ces modèles sur de grands ensembles de données, ils peuvent apprendre des modèles et des structures complexes, ce qui leur permet de générer des morceaux de musique cohérents et créatifs. Popularisés à l'origine pour la génération d'images, les GAN sont de plus en plus appliqués à la musique. L'idée de base implique deux réseaux neuronaux : un générateur et un discriminateur. Le générateur tente de créer des échantillons musicaux plausibles, tandis que le discriminateur évalue leur authenticité. Au fil du temps, cette relation contradictoire pousse le générateur à produire une musique de plus en plus sophistiquée et réaliste. Les GAN peuvent être particulièrement utiles pour créer de nouveaux sons expérimentaux qui repoussent les limites de la théorie musicale conventionnelle.

Pour ceux qui aiment les compositions plus structurées et orchestrées, les autoencodeurs variationnels (VAE) offrent une autre technique robuste. Les VAE excellent dans la génération de données structurées, ce qui les rend adaptés à la composition de pièces musicales complexes avec des arrangements détaillés. En transformant les données d'entrée dans un espace latent, puis en les reconstruisant, les VAE peuvent introduire des variations et des nuances qui ajoutent de la profondeur à la musique générée. Cette technique est particulièrement utile pour les genres qui requièrent un haut niveau de complexité, comme la musique classique.

Par ailleurs, les chaînes de Markov constituent une méthode plus simple mais efficace pour la génération de musique. Elles fonctionnent sur le principe de la prédiction de la note ou de l'accord suivant en fonction de la séquence précédente. Bien qu'elles ne soient pas aussi sophistiquées que les réseaux neuronaux ou les GAN, les chaînes de Markov peuvent néanmoins générer une musique étonnamment cohérente et attrayante, en particulier pour les genres qui reposent sur des motifs répétitifs, comme la techno ou la musique d'ambiance.

La préparation des données est un autre élément essentiel. La qualité et la diversité de vos données d'entraînement peuvent être déterminantes pour votre projet. La collecte d'échantillons musicaux de haute qualité couvrant différents genres, tempos et instruments fournira à votre modèle une riche source d'inspiration. Les étapes de prétraitement telles que la normalisation, la segmentation et l'augmentation permettent de s'assurer que vos données sont dans le meilleur état possible pour la formation. Il peut s'agir de convertir des fichiers audio au format MIDI, de couper les silences ou de normaliser les niveaux de volume.

Lorsqu'il s'agit d'affiner votre modèle, l'optimisation des hyperparamètres est essentielle. L'ajustement de paramètres tels que le taux d'apprentissage, la taille du lot et le nombre de couches peut avoir un impact considérable sur la qualité de la musique générée. Des outils tels que TensorBoard permettent de visualiser et de suivre les performances de votre modèle, ce qui facilite l'identification des paramètres qui produisent les meilleurs résultats. L'expérimentation et l'itération sont essentielles - ne vous découragez pas si les premières tentatives ne répondent pas à vos attentes. Avec le temps et les ajustements, les résultats du modèle s'amélioreront.

Au delà de la configuration technique, une part importante de la production de musique avec l'IA implique la créativité et l'expérimentation. N'hésitez pas à intégrer des sons ou des techniques non conventionnels. Par exemple, la superposition de pistes générées par l'IA avec des instruments ou des voix en direct peut produire un genre hybride qui mélange le meilleur des deux mondes. Vous pouvez également expérimenter différents formats d'entrée, par exemple en commençant par une simple mélodie et en laissant l'IA la construire, ou en utilisant l'IA pour générer des progressions d'accords comme base.

La créativité collaborative peut également changer la donne. Le partage des morceaux générés avec une communauté d'individus partageant les mêmes idées peut apporter un retour d'information précieux et de nouvelles perspectives. Des plateformes telles que AI Music Creativity sur Reddit ou les communautés open-source sur GitHub offrent des espaces de partage, de critique et de collaboration. La participation à ces communautés peut alimenter votre inspiration et vous exposer à des techniques et des innovations de pointe dans le domaine de la génération de musique par IA.

Enfin, évaluez et affinez votre travail en permanence. Utilisez à la fois des mesures quantitatives, telles que les fonctions de perte et les taux de précision, et des évaluations qualitatives, telles que la musicalité et l'impact émotionnel, pour mesurer le succès de vos projets. En combinant ces approches, vous obtiendrez une bonne compréhension des performances de votre modèle et des domaines à améliorer. Continuez à itérer et à affiner, en intégrant de nouveaux apprentissages et de nouvelles idées dans votre pratique.

En conclusion, générer de la musique avec l'IA est une entreprise dynamique et gratifiante qui fusionne les domaines de la technologie et de l'art. En exploitant les bons outils et les bonnes techniques, des réseaux neuronaux et GAN aux VAE et chaînes de Markov, vous pouvez ouvrir de nouvelles dimensions de créativité. Aménagez votre espace de travail de manière efficace, préparez des données de haute qualité et engagez-vous dans une expérimentation continue et une collaboration avec la communauté. Armé de ces stratégies, vous êtes sur la bonne voie pour créer des compositions musicales envoûtantes alimentées par l'IA.

Chapitre 11 :
Génération de textes et NLP

L'exploration du domaine de la génération de textes et du traitement du langage naturel (NLP) ouvre un vaste horizon où l'intelligence artificielle s'entrelace de manière transparente avec le langage humain, ce qui permet un éventail d'applications créatives et pratiques. Le NLP est l'épine dorsale de la génération de texte moderne, permettant aux machines de comprendre, d'interpréter et même de générer du langage humain avec une précision étonnante. Si la maîtrise des subtilités des nuances linguistiques peut sembler décourageante au premier abord, le potentiel de l'IA en matière d'aide à la création littéraire, depuis le brainstorming jusqu'à l'élaboration de récits complets, constitue un motif convaincant pour approfondir la question. Ce chapitre mettra en lumière les principes fondamentaux de la PNL, en examinant comment les algorithmes dissèquent et émulent le langage humain, et en soulignant l'impact transformateur de l'IA sur la création littéraire. En passant aux aspects pratiques, attendez-vous à découvrir les outils et les techniques qui comblent le fossé entre la créativité humaine et le texte généré par la machine, marquant ainsi un chapitre pivot dans votre voyage à travers l'IA générative.

Il n'y a pas d'autre choix que d'aller à la rencontre de la créativité.

Fondamentaux du NLP

Le traitement du langage naturel (NLP) constitue le fondement de nombreuses applications d'IA générative, en particulier celles liées au texte. Par définition, le TAL est un sous-domaine de l'intelligence artificielle axé sur l'interaction entre les ordinateurs et le langage humain. Il s'agit de permettre aux machines de comprendre, d'interpréter et de générer du texte de manière significative et utile. Le voyage dans les fondements du NLP commence par la compréhension de ses composants et méthodologies de base.

L'un des aspects les plus cruciaux du NLP est le prétraitement du texte. Avant toute analyse ou génération avancée, les données textuelles doivent être nettoyées et structurées. Cela comprend des processus tels que la tokenisation, qui consiste à décomposer les phrases en mots ou en expressions individuels ; la stemmatisation et la lemmatisation, qui réduisent les mots à leur forme racine ; et la suppression des mots vides, qui sont des mots courants dont la signification n'est pas forcément significative. L'obtention de données propres et structurées prépare le terrain pour des tâches NLP plus complexes.

Les modèles NLP s'appuient souvent sur des embeddings, qui sont des représentations numériques des mots. Les embeddings sont un moyen de convertir les mots en vecteurs, où les mots sémantiquement similaires sont mis en correspondance avec des points similaires dans un espace à haute dimension. Word2Vec et GloVe sont des algorithmes couramment utilisés pour créer ces encastrements. L'avènement du modèle Transformer a fait progresser le domaine de manière significative, en introduisant des mécanismes tels que l'attention, qui permettent aux modèles d'évaluer l'importance des différents mots dans un contexte. La syntaxe et la sémantique sont deux aspects fondamentaux. La syntaxe concerne l'agencement des mots pour créer des phrases bien formées, tandis que la sémantique traite de la signification de ces mots. Les techniques d'analyse syntaxique et sémantique permettent de décomposer les phrases en leurs éléments grammaticaux, aidant ainsi la machine à comprendre le contexte et l'intention.

La reconnaissance des entités nommées (NER) est un autre élément essentiel du NLP. Elle consiste à identifier et à classer les éléments clés d'un texte, tels que les noms de personnes, d'organisations, de lieux et d'autres entités. Ces éléments sont d'une valeur inestimable pour diverses applications, des moteurs de recherche à la veille économique. Les modèles de pointe s'entraînent sur de grandes quantités de données étiquetées afin d'obtenir une grande précision dans la reconnaissance et la catégorisation de ces entités.

Vient ensuite l'analyse des sentiments, une application fascinante dont l'objectif est de déterminer le sentiment ou la tonalité émotionnelle d'un texte. Cela peut aller de l'identification d'un simple sentiment positif ou négatif à des émotions plus nuancées comme la joie, la colère ou la surprise. L'analyse des sentiments trouve des applications dans l'analyse des réactions des clients, la surveillance des médias sociaux et les études de marché, entre autres.

Une autre pierre angulaire du NLP est la traduction linguistique, facilitée par les modèles de traduction automatique. Ces modèles ont évolué de façon spectaculaire, passant de systèmes basés sur des règles à des approches statistiques et, plus récemment, à des réseaux neuronaux. L'architecture Transformer de Google a ouvert une nouvelle ère de traductions très précises et fluides, qui sous-tendent des services tels que Google Translate. La capacité à traduire efficacement des langues repose sur des techniques complexes de NLP et sur des données d'entraînement étendues dans plusieurs langues. Les modèles traditionnels avaient du mal à comprendre le contexte parce qu'ils traitaient le texte de manière linéaire, ce qui limitait leur capacité à saisir les dépendances à long terme dans le langage. L'introduction des réseaux neuronaux récurrents (RNN) et des réseaux de mémoire à long terme (LSTM) a marqué une amélioration significative, mais c'est le modèle Transformer, avec ses mécanismes d'attention, qui a révolutionné la façon dont le contexte est compris, permettant une génération de texte plus nuancée et plus cohérente.

Les Transformateurs génératifs pré-entraînés (GPT) comme le GPT-3 ont repoussé les limites de ce qui est possible en NLP. Ces modèles sont pré-entraînés sur un vaste corpus de textes et peuvent effectuer une myriade de tâches linguistiques avec une efficacité impressionnante. Qu'il s'agisse de produire des textes créatifs, de répondre à des questions ou même d'engager un dialogue constructif, les modèles GPT illustrent la puissance des modèles linguistiques à grande échelle formés à l'aide de techniques NLP avancées.

Le NLP s'intéresse également à la parole sous la forme de systèmes de reconnaissance automatique de la parole (ASR) et de synthèse de la parole à partir du texte (TTS). Les modèles ASR convertissent le langage parlé en texte, facilitant ainsi des applications telles que les assistants vocaux et les services de transcription. Le TTS, quant à lui, convertit le texte en mots parlés, ce qui permet d'utiliser la synthèse vocale dans diverses applications. Ces deux systèmes font appel à des méthodologies de NLP pour garantir que les transitions de la parole au texte et du texte à la parole sont aussi précises et naturelles que possible. Qu'il s'agisse de générer de la poésie, de composer des articles ou même d'écrire des dialogues pour des jeux vidéo, les principes de la PNL permettent aux machines de produire des textes qui non seulement ont un sens, mais qui peuvent aussi captiver et engager. Les artistes et les écrivains explorent de plus en plus les collaborations avec l'IA pour repousser les limites des processus créatifs traditionnels.

Enfin, les considérations éthiques entourant le NLP ne peuvent être ignorées. Des questions telles que les biais dans les modèles de langage, le potentiel d'abus dans la production d'informations trompeuses et les préoccupations relatives à la protection de la vie privée sont des domaines qui requièrent une attention diligente. Il est essentiel de relever ces défis éthiques pour garantir que les technologies de traitement du langage naturel sont développées et déployées de manière responsable.

En résumé, les principes fondamentaux du traitement du langage naturel englobent une série de techniques et de concepts qui sont essentiels pour comprendre et travailler avec le langage naturel dans les systèmes informatiques. Que vous vous prépariez à construire votre premier modèle de génération de texte ou que vous soyez simplement curieux de savoir comment les machines interprètent le langage, la maîtrise des bases de la PNL vous ouvre les portes d'un monde débordant de possibilités.

L'IA dans la création littéraire

L'intelligence artificielle (IA) a commencé à révolutionner de nombreux aspects de notre vie, et la création littéraire ne fait pas exception. En exploitant la puissance des techniques avancées de génération de texte et de traitement du langage naturel (NLP), l'IA peut désormais générer des poèmes, des récits et même des articles qui sont non seulement cohérents, mais aussi émotionnellement évocateurs. Cette section explorera comment l'IA transforme le domaine de l'écriture créative, offrant à la fois de nouveaux outils aux auteurs et des voies sans précédent pour la narration.

Au cours des dernières années, des outils tels que le GPT-3 d'OpenAI et d'autres modèles basés sur des transformateurs sont devenus incroyablement compétents pour générer des textes semblables à ceux d'un être humain. Ces modèles ont été entraînés sur de vastes ensembles de données, allant de la littérature classique aux tweets modernes. Le résultat ? Une IA capable d'imiter toute une gamme de styles et de tons d'écriture, souvent avec une précision stupéfiante. Les auteurs peuvent utiliser ces outils pour toutes sortes d'activités, de la recherche d'intrigues au peaufinage des dialogues.

Ce qui est particulièrement intéressant, c'est le potentiel de collaboration entre les écrivains humains et l'IA. Imaginez : vous êtes coincé dans une intrigue ou vous avez le syndrome de la page blanche. Plutôt que de fixer un curseur clignotant, vous pouvez saisir quelques invites et l'IA génère des idées potentielles, voire des scènes entières, à prendre en considération. Cela peut rendre le processus créatif plus fluide et dynamique, transformant l'écriture d'une tâche solitaire en un effort de collaboration. Certaines plateformes permettent aux rédacteurs d'affiner le texte généré en fonction de directives spécifiques, telles que le maintien d'un ton cohérent ou le respect de certains genres. Par exemple, vous pouvez demander à l'IA de rédiger un récit de science-fiction tout en conservant des éléments de romance et de mystère. Cela ouvre de nouvelles voies à l'expérimentation et à l'innovation, et permet aux auteurs d'explorer plus facilement des genres peu familiers.

Cependant, cela ne veut pas dire que les textes générés par l'IA sont parfaits ou infaillibles. Dans certains cas, le résultat peut sembler un peu générique ou manquer de profondeur émotionnelle. En outre, l'IA peut parfois produire des textes répétitifs ou absurdes, ce qui explique en partie pourquoi la supervision humaine est essentielle. Mais comme les développeurs continuent d'affiner ces modèles, l'écart entre l'écriture humaine et l'écriture par l'IA ne cesse de se réduire.

Imaginez que vous puissiez générer en quelques minutes le background d'un univers fantastique étendu ou créer des histoires interactives où la narration s'adapte en fonction des choix des lecteurs. Ces possibilités ne sont pas seulement théoriques : elles sont pratiquement à portée de main, grâce aux progrès de la génération de textes par l'IA. À mesure que ces outils deviennent plus accessibles, les écrivains de tous horizons peuvent tirer parti de la technologie pour améliorer leurs récits.

Dans le domaine de l'éducation, l'IA peut également constituer une aide précieuse à l'enseignement. En générant des messages-guides ou même des essais complets, les étudiants peuvent se familiariser avec différents styles d'écriture, structures narratives et éléments thématiques d'une manière plus interactive. Les enseignants peuvent utiliser les textes générés par l'IA comme point de départ de discussions, permettant aux élèves de disséquer les choix de composition et d'identifier les points à améliorer.

Au delà de la salle de classe et du monde de la littérature, l'IA s'impose dans le journalisme et la création de contenu. Les journalistes peuvent utiliser l'IA pour rédiger rapidement des articles, résumer de longs rapports ou même générer plusieurs versions d'un article pour cibler différentes populations. Les créateurs de contenu peuvent compter sur l'IA pour générer des articles de blog, des scripts vidéo et du contenu pour les médias sociaux, rationalisant ainsi leur flux de travail créatif.

Si la commodité et l'efficacité offertes par l'IA sont indéniables, il y a également une conversation croissante sur les implications éthiques de son utilisation dans la rédaction créative. Des questions telles que la paternité, l'originalité et les droits de propriété intellectuelle prennent de plus en plus d'importance. À qui appartient le texte généré par un modèle d'IA ? Comment s'assurer que ces outils ne sont pas utilisés pour créer des contenus trompeurs ou nuisibles ? Ce sont des questions que les développeurs et les utilisateurs doivent aborder à mesure que l'IA continue d'évoluer.

En outre, la capacité de l'IA à imiter l'écriture humaine soulève des inquiétudes quant à la dévalorisation des compétences et du travail humains. Si l'IA peut produire des textes qui ne se distinguent pas de ceux écrits par un humain, qu'est-ce que cela signifie pour l'avenir des rédacteurs et des créateurs de contenu ? Bien que la technologie offre des avantages incroyables, il est essentiel de trouver un équilibre entre l'exploitation des capacités de l'IA et la valeur de la créativité humaine.

Malgré ces défis, le paysage général de l'IA dans la création littéraire est riche en opportunités et en enthousiasme. À mesure que l'IA s'améliore, il est probable que nous verrons apparaître des outils encore plus sophistiqués, capables de comprendre et de générer des textes plus nuancés et plus intelligents sur le plan émotionnel. Cela pourrait conduire à la création de formes et de genres littéraires entièrement nouveaux, ainsi qu'à des expériences de lecture plus personnalisées et immersives.

Par exemple, considérons le potentiel de l'IA dans la création de récits pour les jeux vidéo ou les expériences de réalité virtuelle. Ces plateformes exigent un haut degré d'interactivité et d'adaptabilité - des qualités dans lesquelles l'IA peut exceller. En intégrant la génération de texte pilotée par l'IA, les développeurs pourraient créer des scénarios qui s'adaptent en temps réel aux actions des joueurs, offrant ainsi une expérience véritablement unique à chacun d'entre eux.

Envisageant l'avenir, il est clair que l'IA continuera à jouer un rôle important dans le monde de la création littéraire. Les outils et les techniques dont nous disposons aujourd'hui ne sont qu'un début, et l'avenir promet des avancées encore plus révolutionnaires. Qu'il s'agisse d'aider les écrivains novices à trouver leur voix ou de permettre aux auteurs chevronnés de repousser les limites de leur art, l'IA est appelée à devenir un allié puissant dans le voyage de la narration.

En conclusion, l'intersection de l'IA et de la création littéraire est une frontière exaltante qui combine le meilleur de l'ingéniosité humaine et de la technologie de pointe. À mesure que l'IA continue d'évoluer, il est essentiel d'embrasser son potentiel tout en restant conscient de ses limites et de ses considérations éthiques pour libérer toutes ses capacités. Avec un bon équilibre, l'avenir de la création littéraire s'annonce plus prometteur et plus innovant que jamais.

La création littéraire, c'est l'affaire de tous.

Chapitre 12 :
L'IA dans la conception des jeux

L'IA a radicalement transformé la conception des jeux, ouvrant de nouveaux horizons à la créativité et à l'engagement des joueurs. L'une des applications les plus intéressantes est la génération de contenu procédural (PCG), où des algorithmes créent de manière autonome des mondes de jeu vastes et variés, améliorant la rejouabilité et réduisant le temps de développement. Les éléments de jeu alimentés par l'IA, tels que les ennemis adaptatifs ou les PNJ (personnages non joueurs) intelligents, apportent un dynamisme nuancé au jeu, rendant les interactions plus riches et plus immersives. En apprenant des comportements des joueurs, ces systèmes d'IA peuvent concevoir des expériences qui évoluent en temps réel, offrant des défis et des récits personnalisés. Qu'il s'agisse de quêtes fascinantes ou d'adversaires virtuels plus vrais que nature, le rôle de l'IA dans la conception des jeux repousse les limites du possible, permettant aux développeurs de créer des expériences autrefois considérées comme des rêves. L'intégration de l'IA ne révolutionne pas seulement la façon dont les jeux sont créés, mais elle change aussi fondamentalement la façon dont ils sont joués, ouvrant la voie à une ère de possibilités et d'innovations infinies.

Génération de contenu procédural

La génération de contenu procédural (PCG) est un domaine passionnant de l'IA dans la conception de jeux qui se concentre sur la création automatique de contenu de jeu à l'aide d'algorithmes et de processus informatiques. Cette technique permet de produire de grandes quantités d'éléments de jeu divers et complexes, des paysages aux scénarios en passant par les personnages et les objets, sans nécessiter d'intervention manuelle de la part des développeurs. Pour les débutants et les passionnés, la compréhension du GCP ouvre un monde de possibilités créatives et permet d'économiser beaucoup de temps et de ressources dans le développement des jeux.

À la base, le GCP s'appuie sur des algorithmes pour générer du contenu en fonction d'un ensemble de règles ou de paramètres prédéfinis. Ces algorithmes peuvent aller de simples techniques de randomisation à des méthodes plus sophistiquées qui intègrent l'apprentissage automatique ou les réseaux neuronaux. Le niveau de contrôle sur le contenu généré peut varier, permettant aux développeurs de spécifier des lignes directrices générales ou de peaufiner des détails spécifiques. Cette flexibilité rend le GCP particulièrement utile pour créer des expériences de jeu dynamiques qui semblent à la fois uniques et cohérentes.

L'une des applications les plus courantes du GCP est la génération d'environnements de jeu. Imaginez l'exploration d'un jeu à monde ouvert où l'expérience de chaque joueur est différente parce que les paysages, les villes et les donjons sont générés de manière unique. Cela permet non seulement d'améliorer la rejouabilité, mais aussi de maintenir l'intérêt des joueurs. Parmi les premiers exemples de GCP dans les jeux, citons *Rogue* et *SPelunky*, qui ont utilisé des algorithmes procéduraux pour créer des configurations de donjons différentes à chaque fois que l'on jouait.

Une autre application fascinante du GCP est la création de personnages et de créatures. En utilisant des méthodes procédurales, les développeurs peuvent générer une vaste gamme de personnages avec des apparences, des comportements et des capacités uniques. Cette méthode est particulièrement utile dans les jeux comportant de nombreuses populations de PNJ (personnages non joueurs), car elle permet d'éviter la répétition monotone de modèles de personnages prédéfinis. Des jeux comme *No Man's Sky* ont utilisé ces techniques pour offrir un univers regorgeant de formes de vie et d'écosystèmes variés.

La génération de procédures s'étend également à la narration et aux quêtes. Les algorithmes peuvent concevoir des scénarios et des missions complexes qui s'adaptent aux actions et aux décisions du joueur. Cette approche dynamique de la narration garantit que chaque partie du jeu offre de nouvelles expériences et des surprises. Le jeu *AI Dungeon*, par exemple, utilise des modèles d'apprentissage profond pour générer des aventures textuelles où la narration évolue en fonction des entrées du joueur.

Pour en venir aux aspects techniques, la génération procédurale commence souvent par la création d'une valeur de départ. Cette valeur est le point de départ de l'algorithme et détermine le résultat du contenu généré. En modifiant la valeur de départ, les développeurs peuvent produire des résultats entièrement différents tout en utilisant le même algorithme, ce qui constitue un moyen efficace de créer de la variabilité sans avoir besoin de plusieurs algorithmes.

Les fonctions de bruit sont un outil crucial dans le GCP, utilisé pour créer des motifs et des textures d'apparence naturelle. Le bruit de Perlin et le bruit Simplex sont des fonctions de bruit populaires qui génèrent des surfaces lisses et continues, ce qui les rend idéales pour générer des terrains et d'autres formes organiques. Ces fonctions produisent des motifs qui imitent le caractère aléatoire de la nature, offrant ainsi un résultat plus réaliste et plus attrayant sur le plan visuel.

Les progrès de l'apprentissage automatique ont encore amélioré la génération de contenu procédural. Les réseaux neuronaux, en particulier les réseaux adverbiaux génératifs (GAN) et les autoencodeurs variationnels (VAE), peuvent être entraînés à générer des ressources de jeu de haute qualité telles que des textures, des animations de sprites et même des niveaux entiers. En apprenant à partir d'un ensemble de données de contenu de jeu existant, ces modèles peuvent produire de nouvelles ressources qui s'intègrent parfaitement à l'esthétique du jeu.

L'intégration du GCP et de l'IA a conduit à des approches hybrides innovantes qui combinent les points forts des deux techniques. Par exemple, l'apprentissage par renforcement peut être utilisé pour améliorer la qualité du contenu généré en permettant à l'algorithme d'apprendre des interactions et des commentaires des joueurs. Ce processus itératif permet d'affiner le contenu pour qu'il corresponde mieux aux préférences des joueurs et améliore l'expérience de jeu.

Malgré ses nombreux avantages, la génération de contenu procédural présente également des défis. L'une des principales préoccupations est de s'assurer que le contenu généré conserve un niveau élevé de qualité et de cohérence. Si les algorithmes peuvent produire rapidement une grande quantité de contenu, tous ne conviennent pas forcément au jeu. Les développeurs doivent mettre en œuvre des processus de validation robustes pour filtrer le contenu de qualité inférieure et garantir la cohérence.

Un autre défi consiste à trouver un équilibre entre le hasard et une conception pertinente. Une randomisation complète peut conduire à des éléments de jeu incohérents ou déséquilibrés, tandis que des algorithmes trop restrictifs peuvent étouffer la créativité et la variété. Pour trouver le bon équilibre, il faut tenir compte des principes de conception et des attentes des joueurs, ce qui peut être réalisé grâce à des tests itératifs et aux commentaires des joueurs.

L'avenir de la génération de contenu procédural est prometteur, car les recherches en cours et les avancées technologiques repoussent les limites du possible. Les techniques émergentes telles que la narration procédurale et la génération de contenu adaptatif sont appelées à révolutionner la façon dont les jeux sont conçus et vécus. Avec l'évolution de l'IA, nous pouvons nous attendre à des applications encore plus sophistiquées et créatives de la génération de contenu procédural dans la conception de jeux.

En conclusion, la génération de contenu procédural est un outil puissant dans l'arsenal des développeurs de jeux, offrant des possibilités infinies pour créer des mondes de jeu riches, diversifiés et attrayants. En exploitant les algorithmes et l'IA, les développeurs peuvent automatiser la création de contenu de jeu, ce qui leur permet d'économiser du temps et des ressources tout en offrant des expériences uniques aux joueurs. Que vous soyez débutant ou passionné, l'exploration du PCG peut vous inspirer de nouvelles voies créatives et améliorer votre compréhension de la conception des jeux.

La conception des jeux est un processus complexe et complexe.

Éléments de jeu alimentés par l'IA

Au cours des dernières années, le rôle de l'IA dans la conception des jeux est passé du statut de simple nouveauté à celui d'élément fondamental qui façonne la nature même de l'expérience de jeu. Les éléments de jeu alimentés par l'IA englobent un large éventail de caractéristiques qui améliorent le gameplay, le rendant plus dynamique, plus engageant et plus imprévisible. Des PNJ (personnages non jouables) intelligents aux niveaux de difficulté adaptatifs, l'IA révolutionne la manière dont les jeux sont conçus, joués et perçus.

L'une des utilisations les plus percutantes de l'IA dans la conception des jeux est la génération de contenu procédural (PCG). Cette méthode consiste à utiliser des algorithmes pour créer le contenu du jeu de manière dynamique, ce qui évite aux concepteurs de devoir créer manuellement chaque élément. En tirant parti de l'IA, les développeurs peuvent créer des mondes vastes et complexes qui sont propres à l'expérience de chaque joueur. Prenons l'exemple de la génération procédurale dans des titres comme "Minecraft" et "No Manâs Sky", où des paysages et des écosystèmes entiers sont créés à la volée. Cela permet non seulement d'économiser du temps de développement, mais aussi d'offrir aux joueurs une rejouabilité et une exploration infinies.

Le rôle de l'IA dans le développement du comportement et de l'intelligence des PNJ ne peut pas être sous-estimé. Les jeux traditionnels utilisaient des scripts fixes pour les PNJ, ce qui entraînait des interactions prévisibles et parfois ennuyeuses. Les techniques modernes d'IA permettent aux PNJ d'apprendre du comportement des joueurs et d'adapter leurs réponses en conséquence. Il en résulte des interactions plus complexes et plus vivantes, qui rendent l'univers du jeu plus immersif. Imaginez un scénario dans lequel les PNJ se souviennent de leurs rencontres passées avec le joueur et modifient leur comportement en fonction de leurs actions antérieures. Cette adaptation dynamique crée une narration plus riche et ajoute de la profondeur au voyage du joueur.

En outre, l'IA peut être utilisée pour adapter la difficulté du jeu en temps réel. Les algorithmes d'IA adaptative analysent le niveau de compétence du joueur et ajustent les défis en conséquence, garantissant ainsi une expérience équilibrée et attrayante. Par exemple, si un joueur éprouve des difficultés dans un niveau particulier, le jeu peut alléger légèrement la difficulté, ce qui lui permet de progresser sans frustration. À l'inverse, si un joueur progresse rapidement, l'IA peut introduire des défis plus difficiles pour que le jeu reste passionnant. Ce niveau de personnalisation crée un environnement de jeu plus inclusif, qui s'adresse aussi bien aux novices qu'aux experts.

Au delà du comportement des PNJ et de l'échelonnement de la difficulté, l'IA joue également un rôle crucial dans la génération d'histoires. Les jeux narratifs bénéficient énormément de la capacité de l'IA à générer des intrigues, des dialogues et des interactions entre les personnages à la volée. En utilisant des techniques de traitement du langage naturel (NLP), l'IA peut créer des histoires qui se ramifient dans de nombreuses directions en fonction des choix du joueur. Le résultat est une expérience narrative non linéaire où chaque décision a un impact sur le déroulement de l'histoire du jeu. Des jeux comme "AI Dungeon" en sont un bon exemple, car ils offrent des possibilités de narration pratiquement illimitées, basées sur les commentaires du joueur.

Dans les jeux axés sur le combat, les adversaires pilotés par l'IA représentent une amélioration significative par rapport à la conception traditionnelle d'ennemis. Ces adversaires peuvent employer des tactiques et des stratégies qui défient même les joueurs les plus expérimentés. Par exemple, dans un jeu de tir à la première personne, les ennemis IA peuvent adapter leur tactique en fonction des actions du joueur, en utilisant plus efficacement le couvert ou en tendant des embuscades. Un tel comportement intelligent augmente non seulement la difficulté du jeu, mais aussi son réalisme, créant une expérience plus immersive et plus satisfaisante pour les joueurs.

Toutefois, l'utilisation de l'IA dans les éléments de jeu ne se limite pas aux seuls mécanismes complexes. Même les jeux plus simples et décontractés peuvent bénéficier de l'IA. Par exemple, dans les jeux de puzzle, l'IA peut générer des niveaux parfaitement adaptés à la maîtrise actuelle du joueur, en gardant le jeu juste assez difficile pour rester intéressant. Dans les jeux mobiles, l'IA peut adapter les publicités et les offres en jeu en fonction du comportement du joueur, améliorant ainsi l'engagement et la monétisation.

Une autre application fascinante de l'IA dans la conception des jeux concerne la dynamique sociale et les environnements multijoueurs. L'IA peut être utilisée pour faire correspondre des joueurs de niveaux similaires dans les jeux multijoueurs, garantissant ainsi des affrontements équitables et compétitifs. En outre, dans les mondes massifs en ligne, l'IA peut gérer l'économie du jeu, en régulant la disponibilité des ressources et la valeur des objets pour maintenir l'équilibre. Ce type d'ajustement dynamique permet au monde du jeu de rester vivant et équitable pour tous les participants.

L'IA peut également contribuer à la détection des bogues et aux processus de réparation. Traditionnellement, l'identification et la correction des bogues constituent une partie laborieuse du développement d'un jeu. Les outils alimentés par l'IA peuvent analyser des millions de lignes de code et de scénarios de jeu pour détecter les anomalies, souvent plus rapidement et plus précisément que les développeurs humains. Cela permet non seulement d'accélérer le cycle de développement, mais aussi de garantir aux joueurs un produit final plus fluide et plus soigné.

Envisageant l'avenir, le potentiel de l'IA dans la conception des jeux est presque illimité. Avec l'avènement d'algorithmes d'apprentissage automatique plus avancés et d'une puissance de calcul accrue, l'IA pourrait jouer des rôles dont nous n'avons fait que rêver. Imaginez des jeux où chaque personnage possède sa propre IA, interagissant non seulement avec le joueur mais aussi entre eux de manière significative. Imaginez des mondes de jeu qui évoluent organiquement en fonction d'une pléthore de variables, des actions du joueur aux changements dans le monde réel.

En outre, l'IA ne se contente pas d'améliorer les jeux traditionnels, elle ouvre également la voie à des genres entièrement nouveaux. Des jeux comme "Detroit : Become Humanâ et The Elder Scrolls V : Skyrimâ utilisent une IA complexe pour raconter des histoires et construire un monde d'une manière qui n'était pas possible auparavant. Ces éléments de jeu pilotés par l'IA transforment les expériences numériques interactives en véritables narrations émergentes, où chaque joueur fait l'expérience d'un scénario unique.

L'IA dans la conception des jeux apporte un trésor de nouvelles opportunités pour les développeurs comme pour les joueurs. Pour les développeurs, l'IA offre des outils permettant de créer un contenu plus riche et plus varié avec moins d'efforts manuels. Pour les joueurs, cela signifie que les jeux peuvent apprendre, évoluer et s'adapter de manière fascinante, ce qui conduit à des expériences plus immersives et personnalisées. Grâce à l'innovation pilotée par l'IA, la frontière entre le monde virtuel et le monde réel continue de s'estomper, rendant le fantastique presque à portée de main.

En résumé, les éléments de jeu pilotés par l'IA transforment le paysage des jeux. Ces technologies offrent une difficulté adaptative, des PNJ intelligents, une narration dynamique et bien d'autres choses encore. À mesure que l'IA continue d'évoluer, le potentiel d'expériences de jeu plus immersives, attrayantes et personnalisées s'accroît lui aussi. L'avenir des jeux n'est pas seulement prometteur, il est aussi plus intelligent, grâce aux capacités sans cesse croissantes de l'IA.

Chapitre 13 :
Art interactif et immersif

L'art interactif et immersif est le domaine dans lequel l'IA générative est vraiment éblouissante, jetant un pont entre les domaines de la technologie et de la créativité d'une manière qui captive et engage. En tirant parti des progrès de la réalité virtuelle et augmentée, les artistes peuvent créer des environnements dynamiques et réactifs qui s'adaptent en temps réel aux actions du spectateur. Imaginez une galerie où les œuvres d'art évoluent en fonction de votre regard ou un concert où les visuels se synchronisent parfaitement avec une musique improvisée générée par l'IA. Les installations interactives, qui associent capteurs et apprentissage automatique, offrent des expériences à la fois participatives et profondément personnelles. Ces installations peuvent réagir à la présence et aux gestes humains, créant ainsi une relation symbiotique entre le public et l'art lui-même. Les possibilités créatives sont illimitées, invitant les débutants comme les passionnés à explorer, innover et redéfinir les limites de l'expression artistique grâce à l'IA générative.

Il n'y a pas d'autre solution que d'utiliser l'IA générative.

Réalité virtuelle et augmentée

La réalité virtuelle et augmentée (RV et RA) transforme notre rapport à l'art, en transformant l'observation passive en expérience immersive. Le potentiel de ces technologies pour remodeler le paysage de l'art interactif et immersif est à la fois passionnant et illimité. En tirant parti de l'intelligence artificielle générative, les artistes peuvent créer des mondes qui non seulement captivent les sens, mais qui réagissent également aux actions et aux préférences des participants. Imaginez que vous pénétrez dans un tableau où chaque coup de pinceau prend vie, créant un paysage qui évolue au fur et à mesure que vous le traversez. C'est la magie que la RV apporte au monde de l'art. Les expériences de RV pilotées par l'IA peuvent s'adapter aux mouvements du spectateur, offrant un niveau d'interactivité que l'art traditionnel ne peut tout simplement pas égaler. Par exemple, en entrant dans une galerie d'art virtuelle, les œuvres d'art environnantes peuvent se transformer et se déplacer en fonction du regard du spectateur, donnant ainsi une nouvelle vie à des œuvres statiques.

En revanche, la RA superpose des éléments numériques au monde réel, améliorant notre environnement existant avec des informations supplémentaires ou une touche artistique. Cette technologie fusionne les espaces artistiques physiques et numériques, ce qui permet aux artistes de créer des installations interactives qui se fondent parfaitement dans les objets du monde réel. Par exemple, une sculpture dans un parc pourrait être augmentée via une application pour smartphone afin d'afficher des éléments numériques en mouvement, créant ainsi une pièce hybride qui stimule à la fois l'esprit et les sens.

L'IA générative est le moteur de bon nombre de ces applications novatrices de RV et de RA. En utilisant des algorithmes d'apprentissage automatique, les artistes peuvent générer des environnements uniques, en constante évolution et adaptés à chaque utilisateur. Ces modèles d'IA peuvent analyser les préférences et les comportements des utilisateurs pour créer des expériences personnalisées, garantissant qu'aucune interaction n'est jamais la même. Imaginez que vous vous promeniez dans une forêt virtuelle où la flore et la faune évoluent en fonction de vos choix et de vos interactions, créant ainsi un environnement sur mesure en temps réel.

En outre, l'utilisation de l'IA générative dans la RV et la RA s'étend au-delà des stimuli visuels. Les paysages sonores générés par l'IA peuvent s'adapter à l'environnement et aux actions du spectateur, offrant une expérience auditive immersive qui complète les éléments visuels. Cette approche multisensorielle peut rendre l'expérience plus cohérente et plus attrayante sur le plan émotionnel. Les possibilités sont infinies lorsque l'on combine la RV, la RA et l'IA générative, offrant non seulement de l'art mais aussi un récit expérientiel qui évolue avec chaque interaction.

L'un des aspects fascinants de l'utilisation de l'IA dans la RV et la RA est sa capacité à démocratiser la création artistique. Les artistes disposant d'une expertise technique limitée peuvent utiliser des outils d'IA pour concevoir des installations interactives complexes sans avoir besoin d'écrire un code complexe. Ces outils sont souvent dotés d'interfaces conviviales, ce qui les rend accessibles à un plus grand nombre de créateurs. Cette démocratisation favorise une communauté artistique plus inclusive, promouvant des perspectives diverses et des idées nouvelles.

Le potentiel éducatif de la RV et de la RA dans le monde de l'art est un autre aspect convaincant. Les musées et les galeries peuvent utiliser ces technologies pour créer des expositions interactives qui enseignent l'histoire et les techniques de diverses formes d'art de manière attrayante. Les étudiants peuvent enfiler des casques de RV pour explorer de près des œuvres d'art célèbres et examiner des détails qui ne sont pas visibles à l'œil nu. De même, la réalité augmentée peut donner vie aux illustrations des manuels scolaires, offrant aux étudiants un moyen plus attrayant d'apprendre l'histoire et les techniques de l'art.

Si la RV et la réalité augmentée offrent un potentiel énorme, elles s'accompagnent également d'un ensemble unique de défis. Les limitations techniques, telles que le besoin de matériel et de logiciels de haute qualité, peuvent constituer un obstacle à l'adoption généralisée. Garantir une expérience transparente et sans décalage nécessite une puissance de calcul importante, qui peut être coûteuse. En outre, la conception de la RV et de la RA exige une attention particulière au confort de l'utilisateur : une exposition prolongée peut parfois entraîner une gêne ou une désorientation. Il est essentiel de relever ces défis pour assurer le succès et l'évolution durables de la RV et de la RA dans l'art interactif.

Les considérations éthiques sont tout aussi importantes lors de l'intégration de l'IA dans les expériences artistiques de RV et de RA. Les modèles d'IA sont formés sur de vastes ensembles de données qui peuvent inclure des biais, perpétuant par inadvertance des stéréotypes ou des insensibilités culturelles. Les artistes et les développeurs doivent être vigilants quant aux données qu'ils utilisent et aux préjugés potentiels qu'elles peuvent receler. La transparence des processus d'IA et l'engagement en faveur de lignes directrices éthiques peuvent contribuer à atténuer ces risques, en garantissant que la technologie est utilisée de manière responsable.

Envisageant l'avenir, la synergie entre la RV, la RA et l'IA générative est prête à révolutionner non seulement l'art, mais aussi divers domaines tels que le divertissement, l'éducation, et même la santé mentale. Des applications thérapeutiques émergent déjà, utilisant des environnements de RV pour traiter des maladies telles que l'anxiété et le SSPT. La nature immersive de la RV, associée à la capacité de l'IA à personnaliser les expériences, offre des outils puissants à la fois pour l'expression artistique et les applications pratiques.

L'intégration de l'IA dans l'art de la RV et de la RA ouvre également la voie à des collaborations entre artistes de différentes disciplines. Les artistes visuels, les musiciens, les écrivains et les développeurs technologiques peuvent travailler ensemble pour créer des expériences à multiples facettes qui enveloppent les participants dans une riche tapisserie de stimuli. Ces projets de collaboration peuvent déboucher sur des œuvres révolutionnaires qui repoussent les limites de ce que peut être l'art, en fusionnant plusieurs supports en une seule expérience cohérente.

Le concept d'art interactif et immersif n'est pas nouveau, mais ce que la RV et la RA apportent à la table est sans précédent. À mesure que la technologie continue d'évoluer, les possibilités de créer des expériences artistiques toujours plus attrayantes et personnalisées se multiplient. L'IA jouera sans aucun doute un rôle crucial dans cette évolution, en offrant des outils et des capacités qui relevaient autrefois de la science-fiction.

En conclusion, l'intégration de la RV et de l'AR avec l'IA générative représente un saut monumental dans le domaine de l'art interactif et immersif. Cette fusion améliore non seulement l'expérience du spectateur, mais permet également aux artistes de repousser leurs limites créatives comme jamais auparavant. À mesure que nous continuerons à explorer cette frontière passionnante, la limite entre le réel et le numérique s'estompera, donnant naissance à une nouvelle ère d'expression artistique aussi intime qu'expansive. L'avenir de l'art n'est pas seulement quelque chose que nous pouvons regarder, mais quelque chose dans lequel nous pouvons entrer, avec lequel nous pouvons interagir et que nous pouvons même façonner nous-mêmes.

Installations interactives

Les installations interactives se situent au carrefour de l'art et de la technologie, créant des environnements dynamiques où l'interaction humaine est essentielle à la pleine réalisation de l'œuvre d'art. Ces installations peuvent être considérées comme des terrains de jeu où les artistes et les participants deviennent les cocréateurs de l'expérience qui se déroule devant eux. S'appuyant sur l'IA générative, les installations interactives ont pris de nouvelles dimensions, invitant le public à s'engager de manière unique et multiforme, ce qui était inimaginable auparavant.

L'une des principales distinctions des installations interactives est leur dépendance à l'égard des données en temps réel et de l'apport des utilisateurs. Imaginez que vous entriez dans une pièce où l'environnement se transforme et s'adapte en fonction de vos mouvements, des sons que vous émettez ou même des données biométriques capturées sur votre corps. Cette technologie réactive ajoute des couches d'immersion qui font défaut aux formes d'art traditionnelles. Cette forme d'art évolutive transforme le spectateur statique en un participant actif, offrant une expérience profondément personnelle et communautaire à la fois.

L'IA générative ajoute une autre couche de complexité aux installations interactives. Les algorithmes peuvent générer des variations infinies, garantissant qu'aucune interaction n'est jamais tout à fait la même. En incorporant des réseaux neuronaux, les artistes peuvent concevoir des installations qui apprennent et évoluent en fonction des interactions des utilisateurs. L'installation devient une entité vivante, qui s'adapte et modifie constamment ses manifestations en fonction des contributions uniques et collectives de son public. La technologie qui sous-tend ces installations intègre souvent des éléments tels que des capteurs, des caméras et des microphones, associés à des algorithmes d'apprentissage automatique qui traitent ces données et y répondent en temps réel. Par exemple, une installation peut utiliser un logiciel de reconnaissance faciale pour adapter les éléments visuels en fonction des émotions qu'elle perçoit chez les spectateurs. De plus, l'intégration de la réalité virtuelle (RV) et de la réalité augmentée (RA) dans les installations interactives transforme encore davantage l'expérience du public. Imaginez que vous portiez un casque de réalité virtuelle et que vous vous promeniez dans une galerie d'art numérique qui réagit à votre regard, à vos gestes ou même à votre rythme cardiaque. La réalité augmentée peut transposer ces expériences dans le monde réel, en superposant des éléments numériques à des espaces physiques et en permettant aux utilisateurs d'interagir avec les deux domaines simultanément. Cette fusion des mondes numérique et physique crée une expérience attrayante et multisensorielle qui peut évoquer une gamme plus large d'émotions et de pensées.

Une installation interactive bien connue qui utilise l'IA générative est "Tree", une expérience immersive de réalité virtuelle qui transforme les participants en un arbre de la forêt tropicale. Créé par New Reality Company, "Tree" utilise les interactions de l'utilisateur pour influencer la croissance et l'expérience de l'arbre. Lorsque les participants bougent et font des gestes, l'environnement virtuel réagit en retour, offrant une connexion profondément personnelle avec la nature et sensibilisant aux questions environnementales. Ce type d'installation illustre la manière dont l'IA générative peut créer non seulement de l'art, mais aussi des messages et des expériences qui ont un impact.

Dans le domaine des installations publiques, l'IA générative peut transformer les environnements urbains en toiles vivantes. Imaginez une place où le trottoir s'illumine de motifs complexes lorsque les gens le traversent, ou une façade de bâtiment qui change d'aspect en fonction du temps ou de l'heure de la journée. Ces installations peuvent faire de l'art un élément de la vie quotidienne, enrichissant le paysage urbain et invitant le public à une interaction constante.

Les possibilités d'installations interactives sont virtuellement illimitées si l'on considère les progrès rapides de l'IA et de l'apprentissage automatique. Les artistes peuvent expérimenter la combinaison de l'IA générative avec d'autres moyens tels que le retour haptique, qui fournit aux utilisateurs des réponses tactiles, ou le biofeedback, où l'installation réagit à des signaux physiologiques tels que le rythme cardiaque et l'activité cérébrale. Ces innovations repoussent les limites de la définition de l'art et des rôles de l'artiste et du public.

Bien entendu, la création de ces installations s'accompagne de son propre lot de défis. Une expertise technique est nécessaire pour intégrer les systèmes d'IA de manière transparente avec d'autres composants matériels et logiciels. Les artistes doivent également tenir compte de considérations éthiques, en particulier lors de la collecte et du traitement des données des participants. Les questions de consentement et de protection de la vie privée doivent être abordées pour garantir que les interactions restent respectueuses et sûres.

En outre, d'un point de vue créatif, le défi consiste à trouver un équilibre entre le contrôle et l'aléatoire. Les artistes doivent décider du degré d'influence qu'ils souhaitent exercer sur l'expérience résultante par rapport à la part qu'ils souhaitent laisser au hasard et à l'interaction de l'utilisateur. Cet équilibre est essentiel pour créer des installations à la fois engageantes et cohérentes, permettant à la fois l'imprévisibilité et l'émergence de modèles significatifs.

Les installations interactives utilisant l'IA générative ont également un potentiel éducatif important. Les musées et les établissements d'enseignement peuvent exploiter ces technologies pour créer des expositions interactives attrayantes qui font de l'apprentissage une expérience pratique et immersive. Par exemple, dans un musée des sciences, une exposition interactive pourrait utiliser l'IA générative pour simuler des systèmes écologiques, permettant aux visiteurs de voir les conséquences immédiates d'actions telles que la déforestation d'une manière très visuelle et percutante.

En outre, ces installations peuvent jouer un rôle crucial dans la recherche sociale et comportementale. En analysant la manière dont les utilisateurs interagissent avec l'installation, les chercheurs peuvent obtenir des informations sur le comportement humain, les préférences et la dynamique sociale. De telles installations peuvent agir comme des laboratoires vivants où des données sont constamment générées, fournissant des informations précieuses pour des études plus approfondies dans le domaine de l'art et de la science.

L'avenir des installations interactives est incroyablement prometteur, grâce aux progrès continus de l'IA, de l'apprentissage automatique et des technologies connexes. À mesure que ces outils deviennent plus accessibles, des artistes d'horizons divers auront la possibilité d'expérimenter la création d'environnements immersifs qui défient les limites artistiques conventionnelles. L'IA générative ouvre de nouvelles voies à la créativité, permettant la création d'œuvres d'art personnalisées, évolutives et réactives qui remettent en question nos perceptions de l'art et de la technologie.

En conclusion, les installations interactives tirant parti de l'IA générative représentent une frontière passionnante dans le paysage de l'art contemporain. Elles invitent le public à prendre part au processus de création artistique, transformant l'observation passive en une participation active. Cette forme d'art ne met pas seulement en évidence l'incroyable potentiel de la technologie, mais redéfinit également la relation entre l'œuvre d'art, l'artiste et le public. Alors que nous continuons à explorer les capacités de l'IA générative, les installations interactives joueront sans aucun doute un rôle important dans le façonnement de l'avenir de l'art immersif et interactif.

Chapitre 14 :
Implications éthiques et sociétales

L'essor de l'IA générative ouvre non seulement des possibilités créatives remarquables, mais pose également des défis éthiques et sociétaux importants que nous devons aborder de manière réfléchie. Les systèmes d'IA contribuant de plus en plus à l'art, les questions relatives à l'originalité, à la propriété et aux droits d'auteur deviennent plus complexes. Qui détient les droits d'une œuvre créée par un algorithme ? En outre, l'utilisation de l'IA pour générer du contenu soulève des questions sur l'authenticité et la désinformation potentielle. Au-delà des questions juridiques et de propriété intellectuelle, il y a des implications sociétales plus larges à prendre en compte. Par exemple, l'accessibilité et la démocratisation de la création artistique grâce aux outils d'IA doivent être mises en balance avec le risque d'érosion des compétences artistiques traditionnelles et des moyens de subsistance. Il est essentiel de favoriser une approche équilibrée où l'innovation prospère, mais où les limites éthiques sont respectées, en veillant à ce que l'IA serve d'outil pour augmenter la créativité humaine plutôt que de la remplacer.

Il est également important de prendre en compte les questions de propriété intellectuelle.

L'éthique de l'IA dans l'art

Lorsque nous discutons de l'éthique de l'IA dans l'art, nous nous plongeons dans un réseau complexe de questions morales, de considérations culturelles et d'impacts sociaux. L'intersection de l'intelligence artificielle et de la création artistique nous incite à examiner nos définitions de la paternité, de la créativité et même de l'humanité. Les questions éthiques dans ce domaine n'apparaissent pas seulement au moment de la création ; elles couvrent l'ensemble du cycle de vie du processus artistique de l'IA, de la collecte des données à l'expérience de l'utilisateur final.

L'une des principales préoccupations éthiques est la nature des données utilisées pour former ces modèles d'IA. La plupart des systèmes d'IA générative nécessitent de vastes ensembles de données, qui proviennent souvent d'œuvres d'art, de musique ou de littérature existantes. Cela soulève des questions sur le consentement et les droits des créateurs originaux. Si vous utilisez des données extraites de l'internet sans autorisation, êtes-vous en train de détourner par inadvertance la propriété intellectuelle de quelqu'un d'autre ? Cette question est particulièrement délicate dans le monde de l'art, où l'originalité et la propriété sont très prisées.

En outre, la manière dont ces modèles d'IA sont entraînés peut introduire et amplifier des biais. Si l'ensemble de données n'est pas diversifié ou inclusif, les résultats de l'IA refléteront ces limitations. Par exemple, une IA formée principalement sur l'art occidental peut ne pas représenter la riche mosaïque des traditions artistiques mondiales. Ce manque de représentation perpétue une vision biaisée de l'art et de la culture.

Une autre dimension des préoccupations éthiques est le potentiel d'utilisation de l'art généré par l'IA à des fins manipulatrices ou malveillantes. Les "deepfakes", qui utilisent des modèles génératifs avancés pour créer des vidéos étrangement réalistes, sont un exemple frappant de la façon dont l'IA peut être utilisée à des fins militaires. Si les deepfakes peuvent avoir des utilisations légitimes dans l'art et le divertissement, ils posent également des risques importants pour la vie privée et l'authenticité. Lorsque l'art peut être falsifié de manière aussi convaincante, les enjeux en matière de confiance et de vérification augmentent considérablement.

D'un autre côté, l'IA dans l'art ouvre également la voie à une créativité et une démocratisation sans précédent. Les outils qui permettent à quiconque de créer des œuvres d'art avec l'aide de l'IA peuvent abaisser les barrières à l'expression créative. Cela peut conduire à un monde de l'art plus inclusif où les personnes qui n'ont pas les compétences ou la formation artistiques traditionnelles peuvent quand même produire des œuvres significatives. Toutefois, cela soulève la question éthique de savoir si l'accès généralisé diminue la valeur de l'art traditionnel.

La commercialisation de l'art généré par l'IA introduit encore une autre couche éthique. Lorsque l'art généré par l'IA est acheté et vendu, qui doit être crédité en tant que créateur : l'humain qui a programmé l'IA, l'IA elle-même, ou peut-être même les sujets de l'ensemble de données qui ont contribué par inadvertance au produit final ? La question de la paternité a une incidence directe sur la manière dont les œuvres d'art sont évaluées et sur les personnes qui bénéficient financièrement de leur vente.

En outre, l'impact environnemental de l'IA ne peut être ignoré. L'apprentissage de grands modèles génératifs nécessite d'importantes ressources informatiques, qui consomment à leur tour beaucoup d'énergie. L'empreinte carbone du développement des technologies d'IA est une question éthique à part entière, qui soulève des inquiétudes quant à la durabilité et aux implications plus larges pour notre planète.

A l'intersection de l'art et de la technologie, nous trouvons des possibilités de collaboration passionnantes, mais aussi un besoin de vigilance éthique. Des efforts sont actuellement déployés pour créer des lignes directrices et des normes pour le développement éthique de l'IA dans les arts. Il s'agit notamment de garantir la diversité des données de formation, d'obtenir le consentement des contributeurs de données et d'être transparent quant au rôle de l'IA dans le processus de création.

De nombreux membres des communautés de l'IA et de l'art plaident en faveur d'une approche équilibrée où la supervision humaine et les capacités des machines se complètent. Ils affirment qu'au lieu de considérer l'IA comme un concurrent, nous devrions la voir comme un cocréateur. Cette perspective encourage une éthique collaborative, où les contributions de l'homme et de la machine sont reconnues et respectées.

En fin de compte, le paysage éthique de l'IA dans l'art est aussi dynamique et évolutif que la technologie elle-même. Alors que nous continuons à repousser les limites du possible, il est essentiel que nous restions ancrés dans des principes éthiques. C'est ainsi que l'IA deviendra un outil de transformation positive plutôt qu'une force de nuisance involontaire.

Il n'y a pas de raison de s'inquiéter.

Propriété et originalité

L'IA générative a révolutionné le monde de l'art, mais elle s'accompagne de questions complexes sur la propriété et l'originalité. Lorsqu'un algorithme produit une œuvre d'art, qui en détient les droits ? Le programmeur qui a conçu l'algorithme ? L'utilisateur qui a saisi les paramètres ? Ou peut-être même la machine elle-même, au sens figuré ? Il ne s'agit pas de simples réflexions philosophiques, mais de questions urgentes ayant des implications concrètes en matière de droit de la propriété intellectuelle et d'intégrité artistique.

L'origine est traditionnellement liée à l'artiste et à son expression unique. Cependant, l'IA générative brouille les pistes. Lorsque l'IA

Chris Elliott

crée, elle synthétise à partir de vastes ensembles de données, mélangeant et réinterprétant d'innombrables sources. Cela soulève des questions éthiques : L'IA crée-t-elle vraiment quelque chose de nouveau ? Ou se contente-t-elle de reconditionner des œuvres existantes ? Cette question est particulièrement pertinente dans les cas où le résultat généré par l'IA imite étroitement les données d'entrée, ce qui rend difficile de déterminer si la création est véritablement nouvelle ou dérivée. L'algorithme qui l'a créée a été formé à partir de milliers d'images. Il est concevable que des nuances subtiles provenant de différentes œuvres d'art influencent le résultat final. Cette convolution peut rendre difficile l'identification de la véritable origine de l'œuvre, brouillant ainsi le concept d'originalité. D'un côté, on peut affirmer que l'œuvre générée par l'IA est une création nouvelle et originale. D'un autre côté, il est difficile d'ignorer le fait que l'œuvre est fortement influencée par l'art préexistant, ce qui soulève des inquiétudes quant au plagiat involontaire et à la violation des droits d'auteur.

Un autre élément à prendre en compte est le rôle des opérateurs humains. Dans l'équation de l'IA générative, les humains sont à la fois créateurs et conservateurs. Ils sélectionnent les données d'entraînement, ajustent les algorithmes et peaufinent les paramètres qui, en fin de compte, façonnent le résultat. Cela fait-il d'eux les propriétaires légitimes de l'œuvre finale ? Ou ne font-ils que faciliter le processus créatif de l'IA ? Cette hybridation des rôles complique les notions traditionnelles de paternité. Les ramifications juridiques sont tout aussi complexes, les tribunaux et les législateurs s'efforçant de suivre le rythme des avancées technologiques.

Une facette importante de ce débat est centrée sur le concept de "l'étincelle créatrice". Historiquement, la créativité et l'inspiration ont été considérées comme des traits intrinsèquement humains. Dans le contexte de l'IA, certains affirment que la créativité n'est pas authentique s'il n'y a pas un élément humain d'inspiration, de spontanéité ou de profondeur émotionnelle. D'autres rétorquent que si l'IA ne ressent pas d'émotions, sa capacité à produire des œuvres uniques et convaincantes devrait être considérée comme une forme de créativité, même si elle est différente.

La monétisation complique encore les questions de propriété. Les artistes dépendent de la vente de leurs œuvres pour assurer leur subsistance, et l'art généré par l'IA fait de plus en plus partie du monde de l'art commercial. Lorsqu'une œuvre d'art générée par l'IA atteint une somme importante lors d'une vente aux enchères, la question de savoir qui en profite devient pressante. Doit-il s'agir du développeur de l'IA ? De la personne qui l'a exploitée ? Ou peut-être les deux ? Des modèles de propriété collaborative voient le jour, mais ils sont loin d'être normalisés, ce qui laisse de nombreuses zones d'ombre.

L'intégration de l'IA dans l'art a également un impact sur la créativité collective. Les modèles génératifs à source ouverte permettent à un plus grand nombre d'individus de créer des œuvres sophistiquées sans formation artistique traditionnelle. Cette démocratisation de l'art peut être considérée comme une évolution positive, permettant un éventail plus diversifié de voix et de perspectives. Toutefois, elle pourrait également conduire à une sursaturation du marché de l'art et à une dévaluation de l'art généré par l'homme.

En termes juridiques, le droit d'auteur a actuellement du mal à s'adapter à ces nouvelles formes de création. Traditionnellement, le droit d'auteur est accordé aux auteurs humains pour leurs œuvres originales. Certaines juridictions commencent à reconnaître les œuvres générées par l'IA, mais la majorité d'entre elles ne le font pas encore. À mesure que l'IA devient plus omniprésente, il devient de plus en plus nécessaire de redéfinir le droit d'auteur pour englober ces nouvelles formes de création. Cela pourrait impliquer d'adapter les lois existantes ou d'en créer de nouvelles spécifiquement pour le contenu généré par l'IA.

En outre, la question de la souveraineté des données ne peut être ignorée. L'IA a besoin de grandes quantités de données pour fonctionner, dont la plupart proviennent de contenus accessibles au public. Cela soulève des questions éthiques sur l'utilisation de ces données. Est-il juste d'utiliser la production créative collective de la société pour former des modèles qui peuvent ensuite générer des profits pour des individus ou des entreprises ? Un débat est en cours sur l'utilisation équitable et la nécessité d'obtenir le consentement explicite des créateurs originaux lorsque leur travail est utilisé pour former l'IA.

Une approche de la gestion de la propriété pourrait impliquer des modèles hybrides d'attribution, dans lesquels les contributeurs humains et l'IA ont tous deux des rôles définis dans le processus créatif. Par exemple, une œuvre d'art générative pourrait créditer le concepteur de l'algorithme, la personne qui a défini les paramètres et peut-être même les sources des données d'apprentissage. Cette attribution à plusieurs niveaux pourrait aider à reconnaître les différentes contributions et à garantir une transparence éthique dans le processus de création.

De plus, des questions d'agence se posent. À mesure que l'IA devient plus sophistiquée, elle devient également un participant plus actif dans le processus créatif. Si l'IA d'aujourd'hui ne possède pas d'intention ou de conscience de soi, il n'est pas difficile d'imaginer un avenir où l'IA pourrait repousser les limites d'une manière qui surprendrait même ses créateurs. Dans un tel scénario, les questions relatives à l'agence et à la responsabilité deviennent encore plus cruciales : Qui sera tenu responsable du contenu produit par l'IA s'il cause par inadvertance un préjudice ou une offense ? Ces dilemmes mettent en évidence l'interaction complexe entre l'éthique, le droit et la technologie.

Les industries créatives commencent à s'adapter, en expérimentant de nouveaux modèles commerciaux et de nouvelles constructions juridiques pour accueillir les œuvres générées par l'IA. Les artistes explorent des projets de collaboration où les humains et les machines cocréent, en mettant l'accent sur la relation symbiotique plutôt que sur la concurrence. Les cadres juridiques pourraient éventuellement s'adapter pour inclure des concepts tels que l'"art assisté par l'IA" ou la "créativité collaborative", qui reconnaissent les rôles partagés dans la production créative.

En conclusion, l'intégration de l'IA générative dans le monde de l'art offre des possibilités sans précédent en matière de créativité et d'innovation. Cependant, elle soulève également des questions éthiques complexes et remet en question les notions traditionnelles de propriété et d'originalité. Alors que l'IA continue d'évoluer, il est essentiel que les communautés juridiques, éthiques et artistiques collaborent pour trouver des solutions qui concilient l'innovation et le respect des créateurs originaux. Ce faisant, nous pouvons naviguer dans ce nouveau paysage d'une manière qui honore à la fois les contributions des humains et des machines à la riche tapisserie de l'expression créative.

Il n'y a pas de raison de s'inquiéter.

Chapitre 15 :
Études de cas sur l'art de l'IA

L'exploration de l'évolution et de l'impact de l'art de l'IA peut être mieux comprise grâce à des applications et des projets du monde réel qui ont repoussé les limites de la créativité. Dans ce chapitre, nous nous pencherons sur divers projets et artistes remarquables qui ont exploité la puissance de l'IA générative pour créer des œuvres d'art convaincantes et souvent provocantes. Prenons, par exemple, les images hypnotiques générées par des programmes d'IA entraînés sur des milliers de peintures, qui capturent l'essence de la créativité et de l'imagination humaines tout en y ajoutant une touche informatique distincte. Nous nous pencherons également sur les efforts de collaboration entre artistes et ingénieurs, qui ont produit des formes d'art hybrides remettant en question les concepts traditionnels de paternité et d'originalité. Ces études de cas sont riches d'enseignements et de leçons, et révèlent à la fois le potentiel et les limites de l'IA en tant qu'outil créatif. Qu'il s'agisse de musique, d'art visuel ou d'expériences interactives, le mariage de la technologie et de la créativité mis en évidence dans ces projets souligne les possibilités de transformation que l'IA générative apporte au monde de l'art.

Art.

Projets et artistes remarquables

Au cours des dernières années, le paysage de l'art a été radicalement transformé par l'avènement de l'IA générative. Parmi la myriade de projets et d'artistes qui contribuent à cette révolution, plusieurs se distinguent par leur innovation, leur impact et la beauté même de leur travail. Ces pionniers ont exploité le pouvoir de l'IA pour repousser les limites de ce qui est possible dans l'art, en créant des œuvres qui remettent en question nos perceptions et inspirent l'admiration.

L'un de ces artistes est Mario Klingemann, dont le travail explore l'intersection de la créativité humaine et de l'apprentissage automatique. Souvent qualifié de "neurographe", Klingemann utilise des réseaux neuronaux pour créer des œuvres d'art visuelles uniques. Son projet le plus remarquable, "Memories of Passersby I", implique une machine qui crée en permanence un flux infini de portraits. Ces portraits, bien que générés par un algorithme, possèdent une qualité humaine obsédante qui invite les spectateurs à réfléchir à la nature de l'identité et de la mémoire.

Il y a ensuite le collectif acclamé connu sous le nom d'Obvious, qui a fait la une des journaux avec son portrait généré par l'IA, "Edmond de Belamy". Cette œuvre, créée à l'aide d'un Generative Adversarial Network (GAN), a été la première œuvre d'art générée par l'IA à être vendue aux enchères chez Christie's, atteignant la somme stupéfiante de 432 500 dollars. Le portrait combine l'esthétique classique et la technologie moderne, capturant l'essence des deux en une seule image. Obvious a parfaitement intégré l'IA dans le monde de l'art traditionnel, mettant en lumière le potentiel de cette technologie pour créer des œuvres commercialisables et très demandées.

Un autre artiste qui a apporté des contributions significatives à l'art de l'IA est Refik Anadol. Il est connu pour ses installations immersives qui utilisent des ensembles de données à grande échelle et le traitement de l'IA en temps réel. L'installation "Melting Memories" d'Anadol, par exemple, visualise des données dérivées d'enregistrements EEG de l'activité cérébrale associée à la mémoire. Le résultat est une sculpture dynamique et hypnotique qui évolue en temps réel, créant un lien profond entre l'esprit et la machine. L'œuvre d'Anadol illustre non seulement les possibilités esthétiques de l'IA, mais sert également de pont entre l'art et les neurosciences.

Holly Herndon, musicienne et compositrice d'avant-garde, a incorporé l'IA dans sa musique pour produire des expériences auditives révolutionnaires. Son album "PROTO" fait intervenir un "bébé" IA nommé Spawn, entraîné à collaborer avec des chanteurs humains. L'interaction entre les voix humaines et celles de la machine dans les compositions de Mme Herndon crée un paysage sonore futuriste qui remet en question les notions traditionnelles de production et d'interprétation musicales. Son travail montre comment l'IA peut être un collaborateur dans la création artistique, plutôt qu'un simple outil.

En outre, l'art de l'IA fait des vagues dans l'industrie de la mode, grâce à des créateurs comme Robbie Barrat. Ce dernier utilise des GAN pour créer de nouveaux modèles de mode qui mélangent les styles classiques et le flair contemporain. Son approche fondée sur l'IA permet de créer rapidement des concepts novateurs qui prendraient beaucoup plus de temps à des stylistes humains. En explorant le potentiel de l'IA dans la mode, Barrat contribue à redéfinir l'avenir de la conception et de la production de vêtements.

Le domaine de l'art de l'IA est également profondément influencé par les contributions d'Anna Ridler, qui fusionne les mondes de l'apprentissage automatique et de l'art dessiné à la main. Le projet "Mosaic Virus" de Ridler utilise les prix historiques des bulbes de tulipe pour générer un récit visuel dynamique sur la spéculation économique et le commerce des matières premières. Le projet mêle la visualisation de données à l'expression esthétique, offrant non seulement une œuvre d'art mais aussi un commentaire sur l'histoire économique. Le travail de Ridler témoigne du pouvoir narratif de l'art de l'IA, illustrant la manière dont les données peuvent être transformées en histoires captivantes.

Sans aucun doute, une autre mention notable est le travail de Sougwen Chung, qui s'engage dans des performances de dessin en collaboration avec un bras robotisé. Le robot, formé aux œuvres précédentes de Chung, l'aide à créer de nouvelles pièces en temps réel. Cette relation symbiotique entre l'homme et la machine offre une exploration unique de la paternité et de la créativité. Les performances de Chung témoignent en direct des possibilités de collaboration entre l'homme et l'IA dans les arts, démontrant la fluidité entre l'intuition humaine et la précision de la machine.

Les efforts collectifs de ces artistes et leurs projets soulignent les diverses applications de l'IA dans l'art. Des arts visuels à la musique en passant par la mode, l'IA est devenue un moyen polyvalent et puissant d'expression créative. Chaque projet présente une perspective unique sur la manière dont les machines peuvent contribuer au processus créatif, offrant de nouveaux outils et techniques aux artistes tout en ouvrant des territoires inexplorés à l'exploration artistique.

De plus, ces projets et artistes remarquables servent d'inspiration et de motivation tant pour les artistes chevronnés que pour les débutants. Ils mettent en évidence le potentiel de l'IA pour démocratiser la création artistique, en offrant de nouvelles voies à ceux qui auraient pu être limités par les méthodes traditionnelles. En étudiant ces efforts pionniers, on peut acquérir des connaissances inestimables sur les possibilités de l'IA dans l'art et être encouragé à expérimenter cette technologie.

En outre, des artistes comme Klingemann, Anadol et Ridler démontrent que l'art de l'IA ne concerne pas seulement le produit final, mais aussi le processus. Le mélange de la complexité algorithmique et de l'apport humain ouvre un dialogue sur la créativité, la paternité et l'originalité. Il nous incite à repenser ce qui constitue l'art et qui ou quoi peut être considéré comme un artiste.

En résumé, les œuvres extraordinaires de ces projets et artistes remarquables façonnent l'avenir de l'art de manière profonde. Elles mettent non seulement en évidence la puissance de l'IA générative pour créer des œuvres magnifiques et stimulantes, mais elles repoussent également les limites de ce que nous considérons comme possible. Ces artistes sont les porte-flambeaux d'un nouveau mouvement artistique, où les frontières entre la créativité humaine et celle des machines s'estompent, offrant des possibilités infinies pour l'avenir.

Instructions et leçons apprises

L'exploration d'études de cas dans le domaine de l'art de l'IA offre une mine d'informations et de leçons qui peuvent servir à la fois d'inspiration et de guide pour les enthousiastes et les débutants. En examinant les succès, les défis et les percées créatives de divers artistes et projets, nous pouvons découvrir des principes précieux qui informent et élèvent notre propre travail.

L'importance de l'expérimentation itérative est l'un des enseignements significatifs. Dans le domaine de l'IA générative, le processus d'essais et d'erreurs joue un rôle crucial dans l'obtention de résultats convaincants. Les artistes commencent souvent par des concepts généraux et, grâce à des ajustements continus, affinent leurs modèles pour qu'ils correspondent mieux à leurs visions. Ce processus itératif n'est pas l'apanage des praticiens expérimentés ; même ceux qui débutent dans le domaine peuvent bénéficier d'une volonté d'expérimenter et d'adapter leurs approches en fonction des résultats qu'ils observent.

Une autre leçon clé est le rôle de la collaboration, à la fois humaine et mécanique. Les outils d'IA peuvent fonctionner comme des partenaires créatifs, offrant des possibilités inattendues qui ne seraient pas apparues avec les méthodes traditionnelles. Les études de cas mettent souvent en évidence des moments où la production d'un algorithme, initialement involontaire, déclenche une nouvelle orientation créative. Cette relation symbiotique souligne le potentiel de l'IA à élargir nos horizons créatifs, plutôt qu'à remplacer l'intuition et les compétences humaines.

En outre, les données sont le fondement de l'IA générative. La qualité et la nature des données d'entrée influencent profondément le résultat. Les études de cas révèlent que les projets réussis accordent une attention méticuleuse à la collecte, à la conservation et à la préparation des ensembles de données. Cela inclut des considérations éthiques, en veillant à ce que les données respectent la vie privée et les droits de propriété intellectuelle. On ne saurait trop insister sur l'importance de trouver un équilibre entre la diversité et la richesse des ensembles de données et le respect de l'éthique.

Un thème récurrent dans les projets artistiques d'IA réussis est l'importance de la compréhension des outils et des technologies impliqués. La maîtrise ne signifie pas nécessairement être un expert dans toutes les nuances, mais avoir une solide compréhension des principes sous-jacents et des capacités des technologies que vous utilisez. Cette connaissance fondamentale permet aux artistes de mieux résoudre les problèmes, d'optimiser leurs flux de travail et de repousser les limites du possible.

La notion d'acceptation de l'imprévisibilité est une autre idée précieuse. L'IA générative, de par sa nature, produit souvent des résultats inattendus, voire bizarres. Les artistes qui abordent ces surprises avec un esprit ouvert peuvent les transformer en œuvres uniques et fascinantes. La capacité à considérer ces "accidents heureux" comme des opportunités plutôt que comme des revers peut déboucher sur des créations innovantes et originales.

Les études de cas mettent également en évidence le pouvoir de la narration à travers l'art de l'IA. Au-delà des prouesses techniques, certains des projets les plus percutants tissent des récits qui trouvent un écho auprès du public. Qu'il s'agisse d'art visuel, de musique ou d'installations interactives, le fait d'inscrire l'œuvre dans un contexte significatif peut renforcer son impact et engager les spectateurs à un niveau plus profond. Les artistes qui communiquent efficacement leur vision et l'histoire qui sous-tend leur travail rencontrent souvent plus de succès et établissent un lien avec leur public.

Une leçon essentielle est la nécessité de la patience et de la persévérance. Le développement de l'art de l'IA peut être une entreprise longue et complexe. Les artistes présentés dans les études de cas évoquent souvent de nombreux défis et revers, mais c'est leur persévérance et leur dévouement qui leur permettent de réaliser des percées. Cette persévérance est un atout majeur pour tous ceux qui se lancent dans l'aventure de l'art de l'IA.

L'importance de la communauté ne doit pas être négligée. De nombreux projets révolutionnaires bénéficient du savoir collectif et du soutien de la communauté de l'art de l'IA. Participer à des forums, assister à des conférences et collaborer avec d'autres personnes peut apporter de nouvelles perspectives, une assistance technique et de l'inspiration. Les études de cas mettent en évidence des cas où le retour d'information et la collaboration de la communauté ont été essentiels pour surmonter les obstacles et affiner les visions artistiques.

De ces études de cas, nous apprenons également que l'art de l'IA n'est pas une quête solitaire mais fait partie d'un dialogue plus large au sein du monde de l'art et de la société dans son ensemble. Il est essentiel de se pencher sur les implications éthiques et sociétales de l'IA. Il ne s'agit pas seulement de considérer l'impact immédiat de son travail, mais aussi d'envisager comment l'art généré par l'IA contribue à des conversations plus larges sur la créativité, l'originalité et le rôle de la technologie dans l'art.

L'innovation naît souvent du fait de sortir de sa zone de confort. De nombreux artistes présentés dans les études de cas s'aventurent dans des territoires inconnus, mêlant différentes disciplines et technologies pour créer des formes d'art hybrides. Par exemple, l'intégration de la réalité virtuelle et augmentée dans les projets d'art de l'IA peut donner lieu à des expériences immersives et interactives qui repoussent les limites des formes d'art traditionnelles.

Enfin, le paysage évolutif de l'art de l'IA suggère que la capacité d'adaptation est une compétence clé. La technologie et les techniques progressent constamment, et les artistes qui sont ouverts à l'apprentissage et à l'évolution avec ces changements seront mieux placés pour tirer parti des nouvelles opportunités. En restant informés des derniers développements en matière d'IA et en maintenant un engagement permanent en faveur de la croissance, les artistes peuvent rester à l'avant-garde de ce domaine dynamique.

En conclusion, les études de cas sur l'art de l'IA constituent un riche répertoire de points de vue et de leçons qui peuvent guider et inspirer quiconque s'intéresse à ce domaine passionnant. En adoptant l'expérimentation, la collaboration et la narration, en comprenant les outils et les technologies, et en s'engageant auprès de la communauté et des considérations éthiques, les enthousiastes comme les débutants peuvent libérer le potentiel créatif de l'IA générative. La patience, la persévérance et la volonté de s'adapter seront des atouts inestimables dans ce voyage, permettant aux artistes non seulement de créer des œuvres convaincantes, mais aussi de contribuer de manière significative à l'évolution du paysage de l'IA et de l'art.

Il n'y a pas de raison de s'inquiéter.

Chapitre 16 :
Comprendre la critique d'art de l'IA

La critique d'art de l'IA est un domaine fascinant qui croise la technologie et l'esthétique, nécessitant une compréhension nuancée des deux. L'IA produisant de l'art, la question de l'évaluation de sa qualité devient primordiale. Les critiques d'art traditionnels s'appuient souvent sur des interprétations subjectives, mais l'évaluation de l'art de l'IA introduit des paramètres tels que l'originalité, la cohérence et la compétence technique. Ce chapitre se penche sur ces paramètres d'évaluation et explore la manière dont la perception du public varie entre l'admiration pour le potentiel créatif de l'IA et le scepticisme quant à son authenticité. N'oubliez pas que la manière dont l'art de l'IA est critiqué peut influencer de manière significative son développement et sa réception futurs et, en fin de compte, définir sa place dans le monde de l'art au sens large.

Art.

Métriques d'évaluation de l'art

Lorsque nous plongeons dans le monde de l'art de l'IA, la conversation s'oriente souvent vers l'évaluation de la qualité artistique des créations. Il ne s'agit pas d'une simple réflexion abstraite : les paramètres d'évaluation de l'art constituent l'épine dorsale permettant de déterminer le succès et l'impact de l'art génératif de l'IA. La compréhension de ces paramètres nous aide à combler le fossé entre la perception humaine et l'art généré par la machine.

La critique d'art traditionnelle repose largement sur des interprétations subjectives et des goûts personnels. Toutefois, lorsqu'il s'agit d'art généré par l'IA, un mélange de mesures subjectives et objectives permet souvent d'obtenir une vision plus complète. Les mesures utilisées englobent une variété de facteurs allant de la qualité esthétique et de la créativité à l'exécution technique et à la nouveauté de l'œuvre. La qualité esthétique de l'art généré par l'IA peut être subjective et varier d'un spectateur à l'autre. Pour rendre cette évaluation plus structurée, des paramètres tels que la composition des couleurs, la symétrie, la cohérence des textures et l'harmonie visuelle sont souvent utilisés. Ces facteurs s'apparentent à ceux utilisés dans l'art traditionnel, mais sont adaptés pour apprécier pleinement les nuances des créations de l'IA.

La créativité est une autre mesure fondamentale. Elle permet d'évaluer le degré d'innovation et d'originalité d'une œuvre d'art. Dans le cas de l'art généré par l'IA, il s'agit souvent d'examiner comment l'IA s'écarte des modèles connus et crée quelque chose qui se démarque des œuvres existantes. Des algorithmes tels que les réseaux adversoriels génératifs (GAN) et les autoencodeurs variationnels (VAE) contribuent de manière significative à cet aspect créatif. Les évaluateurs cherchent à comprendre dans quelle mesure l'IA s'est aventurée dans de nouveaux territoires plutôt que de reprendre des styles établis.

L'exécution technique de l'œuvre d'art est primordiale, en particulier dans l'art de l'IA, où la capacité des algorithmes est mise en valeur. Les évaluateurs vérifient la clarté, la résolution et l'intégration transparente des différents éléments de l'œuvre. Les mesures d'évaluation de l'art peuvent également porter sur les techniques sous-jacentes utilisées par l'IA, telles que la complexité des réseaux neuronaux impliqués et la sophistication des étapes de prétraitement des données.

La nouveauté joue un rôle indispensable. Une œuvre d'art en matière d'IA doit présenter quelque chose d'inédit, en offrant une perspective nouvelle ou des formes peu familières. La nouveauté est souvent liée à des contextes culturels et historiques, ce qui en fait une mesure essentielle mais complexe à évaluer. Dans la communauté artistique, la nouveauté peut parfois être source de polarisation ; ce qui est considéré comme révolutionnaire par un spectateur peut être perçu comme obscur par un autre.

Pour ajouter une autre couche d'évaluation, nous devrions également prendre en compte l'engagement du public. Comment les spectateurs interagissent-ils et réagissent-ils à l'œuvre d'art générée par l'IA ? Cela inclut les partages sur les médias sociaux, les expositions dans les galeries et même les commentaires des spectateurs. Les mesures peuvent être quantifiables, comme le nombre d'appréciations et de partages d'une œuvre d'art, ou qualitatives, comme l'analyse des sentiments exprimés par les spectateurs dans leurs commentaires.

En outre, la cohérence narrative peut être une autre mesure utile. Il s'agit de la mesure dans laquelle l'œuvre d'art générée par l'IA maintient une histoire ou un thème cohérent. Même si l'art est abstrait, les spectateurs ont tendance à rechercher des modèles ou des récits auxquels ils peuvent s'identifier. L'évaluation de cet aspect peut impliquer un mélange d'approches dirigées par la machine et d'approches centrées sur l'homme, en veillant à ce que le récit créé s'aligne sur l'intention artistique plus large.

Une mesure parfois négligée, mais pourtant cruciale, est celle des implications éthiques derrière l'œuvre d'art. Les évaluations éthiques prennent en compte les sources de données utilisées pour former l'IA, les biais potentiels introduits et l'impact sociétal des œuvres d'art. Si une œuvre d'art est techniquement compétente mais qu'elle repose sur des données éthiquement douteuses, elle peut donner lieu à d'importantes controverses.

La reconnaissance et la critique par les pairs sont également des mesures subtiles mais profondes. Dans le monde de l'art, le fait d'être reconnu par d'autres artistes et critiques peut témoigner de la qualité et de l'impact de l'œuvre. Pour l'art de l'IA, cela signifie que l'œuvre doit résister à l'examen minutieux des technologues et des artistes traditionnels, ce qui crée un défi unique pour les mesures d'évaluation.

Enfin, discutons de l'évolutivité et de la reproductibilité, deux mesures particulièrement pertinentes pour l'art de l'IA. L'extensibilité fait référence à la manière dont l'art peut être adapté ou développé, soit par la même IA, soit par une IA différente, soit même par des artistes humains collaborant avec l'IA. La reproductibilité, quant à elle, évalue si le processus créatif de l'IA peut être reproduit de manière fiable pour obtenir des résultats artistiques similaires. Ces deux mesures donnent un aperçu de la croissance et de l'influence potentielles de l'art généré par l'IA.

Pour évaluer correctement l'art de l'IA, il est essentiel de combiner plusieurs mesures afin d'obtenir une compréhension globale. Cette approche composite nous permet d'apprécier les niveaux de complexité impliqués à la fois dans la création et dans la réception éventuelle de ces œuvres par le public. À travers cette lentille, nous pouvons commencer à démêler le réseau complexe de la technologie, de la créativité et de l'expression artistique, en mettant en lumière ce qui fait de l'art généré par l'IA une frontière fascinante et en constante évolution.

Perception du public

La perception de l'art généré par l'IA par le public est un mélange de fascination, de scepticisme et de curiosité. D'une part, l'enthousiasme général suscité par la nouveauté que représente la création d'œuvres d'art par des machines a captivé l'imagination de personnes qui, autrement, ne s'intéresseraient pas aux avancées technologiques.

L'innovation pure et les capacités de l'IA générative à produire des œuvres attrayantes, parfois à couper le souffle, laissent souvent le public bouche bée. Certains perçoivent ces créations comme un aperçu de l'avenir de l'art, offrant une perspective nouvelle et de nouvelles possibilités qui remettent en question la propriété et la création traditionnelles de l'art.

A l'inverse, une partie importante du public reste méfiante à l'égard de l'art généré par l'IA. Le scepticisme provient principalement d'un manque perçu d'authenticité et d'humanité dans les œuvres produites par les algorithmes et les réseaux neuronaux. L'art, qui est traditionnellement une entreprise profondément personnelle et humaine, semble presque sacro-saint aux yeux de ces critiques. Par conséquent, l'idée qu'une machine, dépourvue d'expériences émotionnelles ou d'intentionnalité, puisse créer un art significatif leur semble fallacieuse. Pour ces personnes, l'art généré par l'IA peut être intéressant en tant qu'expérience technologique, mais il ne correspond pas à ce qu'elles considèrent comme une véritable expression artistique.

Aussi incroyable que cela puisse paraître, l'art de l'IA a même suscité des débats passionnés sur la créativité et l'originalité. On se demande souvent si l'IA peut vraiment être créative ou si elle se contente d'imiter les modèles que l'on trouve dans l'art produit par l'homme. Le public s'efforce de comprendre où se situe la limite entre la reproduction et l'innovation. Ces discussions tournent souvent autour des définitions de la créativité, ce qui incite à réévaluer ce que signifie être un artiste à l'ère des machines intelligentes.

En outre, la perception de l'art de l'IA est influencée par sa présentation et son contexte. Lorsqu'il est présenté lors de conférences techniques ou de forums numériques, l'accent est généralement mis sur la technologie et l'innovation sous-jacentes. Toutefois, lorsque ces œuvres d'art sont exposées dans des espaces artistiques traditionnels, tels que des galeries et des musées, elles invitent à un examen et à une appréciation différents. L'environnement peut façonner l'interprétation du spectateur, conférant parfois à l'œuvre une légitimité qu'elle n'aurait pas eue dans un cadre purement technologique. Des plateformes comme Instagram, Twitter et TikTok sont inondées d'œuvres d'art générées par l'IA, ce qui les rend accessibles à un large public. Toutefois, cette immédiateté et cette prolifération peuvent également conduire à une sursaturation, où la nouveauté s'estompe et où l'art devient une simple tendance. La manière dont les artistes et les technologues de l'IA gèrent leurs créations dans ces espaces influe grandement sur le caractère durable ou éphémère de ces œuvres aux yeux du public.

Une question particulièrement épineuse qui influe sur la perception du public est la dimension éthique de l'art de l'IA. Les préoccupations relatives aux droits d'auteur, à la propriété artistique et au potentiel de déplacement d'emplois créent une toile de fond complexe qui influence fortement la manière dont l'art de l'IA est perçu. Lorsque les gens voient des œuvres d'art générées par des algorithmes formés à partir de pièces humaines existantes, des questions relatives au consentement et à l'exploitation se posent. Ces dilemmes éthiques peuvent entacher l'opinion du public, poussant certains à rejeter l'art de l'IA par principe.

La perception du public n'est pas statique ; elle évolue au fur et à mesure que la technologie et ses applications se développent. L'IA générative n'en est encore qu'à ses débuts, ce qui signifie qu'à mesure qu'elle mûrira, l'opinion publique évoluera probablement. Les détracteurs de la première heure pourraient se montrer plus réceptifs à mesure qu'ils constateront des avancées répondant à leurs préoccupations, tandis que les adeptes de la première heure continueront à repousser les limites de ce que l'art de l'IA peut réaliser, remodelant ainsi le récit qui l'entoure.

Dans les milieux éducatifs, l'art de l'IA générative a également commencé à se faire accepter. Les écoles et les universités intègrent de plus en plus l'art de l'IA dans leurs programmes, aidant les étudiants à comprendre non seulement les aspects technologiques, mais aussi les discussions philosophiques et éthiques qu'il engendre. Cette intégration contribue à démystifier la technologie pour les jeunes générations, favorisant une perception publique plus éclairée, fondée sur la connaissance plutôt que sur la spéculation.

Il convient également de noter que la perception publique varie considérablement d'une culture et d'une communauté à l'autre. Dans certaines régions, les avancées technologiques dans le domaine de l'art sont accueillies avec enthousiasme et soutien, tandis que dans d'autres, elles peuvent être considérées avec méfiance, voire hostilité. Ces points de vue divergents peuvent découler de différents niveaux d'adoption technologique, d'attitudes culturelles à l'égard de l'art et de la créativité, et de facteurs socio-économiques qui influencent la manière dont les nouvelles technologies sont adoptées ou rejetées.

Les artistes eux-mêmes jouent un rôle important dans la manière dont leurs œuvres générées par l'IA sont perçues. La manière dont ils positionnent leur travail au sein de la communauté artistique au sens large, leur volonté d'engager des dialogues sur leurs processus et leurs motivations, ainsi que leurs réponses aux critiques, contribuent tous au récit public. En partageant de manière transparente leur parcours créatif et le rôle de l'IA dans leur travail, les artistes peuvent contribuer à démystifier la technologie et à favoriser une meilleure compréhension de son potentiel créatif.

L'image que les médias donnent de l'art de l'IA ne doit pas être sous-estimée dans la mesure où elle façonne la perception du public. Les titres qui exagèrent les capacités de l'IA ou qui, à l'inverse, négligent son potentiel peuvent fausser l'opinion publique. Des reportages équilibrés qui reconnaissent à la fois les potentiels innovants et les préoccupations légitimes entourant l'art de l'IA contribuent à cultiver une perspective publique plus nuancée et plus informée.

Enfin, l'avenir de la perception publique de l'IA générative dans l'art sera probablement influencé par le niveau d'inclusion et de démocratisation au sein de la communauté de l'art de l'IA. Si les outils et les plateformes de création d'œuvres d'art en IA restent accessibles et ouverts à un large éventail de personnes, la diversité des voix et des expressions qui en résulte pourrait contribuer à élargir l'acceptation. Toutefois, si ces outils sont monopolisés par quelques-uns, il pourrait y avoir un retour de bâton contre ce qui est perçu comme de l'élitisme ou de la commercialisation, ce qui aurait un impact sur la façon dont l'art de l'IA est perçu par le grand public.

En résumé, la perception de l'art de l'IA par le public est multiforme et évolue en permanence. Elle est façonnée par une interaction complexe entre l'enthousiasme, le scepticisme, les considérations éthiques et les contextes culturels. Au fur et à mesure que l'IA générative progresse, ses détracteurs et ses partisans joueront un rôle crucial dans la manière dont cette nouvelle forme d'art sera comprise et appréciée. Grâce à un dialogue ouvert, à l'éducation et à une création et une présentation réfléchies, le public peut en venir à considérer l'art généré par l'IA non seulement comme une nouveauté, mais aussi comme une extension significative de la créativité humaine.

Chapitre 17 :
Se connecter à la communauté
artistique de l'IA

S'immerger dans la communauté artistique de l'IA est l'un des aspects les plus gratifiants de l'exploration de l'IA générative. Cet écosystème dynamique regorge de voix diverses, d'idées novatrices et de ressources inestimables qui peuvent grandement améliorer votre parcours. Les forums et les groupes en ligne offrent des espaces de partage d'expériences, de recherche de conseils et de présentation de votre travail, ce qui vous permet d'évoluer aux côtés d'autres passionnés et professionnels. La participation à des conférences et à des événements offre des occasions uniques de nouer des contacts, d'apprendre auprès d'experts de premier plan et de se tenir au courant des dernières tendances et avancées. En vous engageant auprès de cette communauté dynamique, vous affinez non seulement vos compétences et vos connaissances, mais vous contribuez également à un effort collectif qui repousse les limites de ce que l'IA peut accomplir dans le domaine de l'art.

Forums et groupes en ligne

L'un des moyens les plus efficaces de s'immerger dans la communauté artistique de l'IA consiste à rejoindre des forums et des groupes en ligne. Ces plateformes offrent non seulement une mine de ressources et d'informations, mais aussi la possibilité d'entrer en contact avec des personnes partageant les mêmes idées. Qu'il s'agisse d'échanger des conseils et des astuces ou d'obtenir des commentaires sur votre travail, les forums en ligne peuvent vous servir de rampe de lancement dans le monde de l'art généré par l'IA.

La première étape consiste à trouver les bonnes communautés. Des sites Web comme Reddit hébergent une variété de subreddits axés sur l'art généré par l'IA, tels que *r/deepdream* et *r/generativeart*. Vous y trouverez des discussions allant des défis techniques aux considérations éthiques de l'art génératif. Reddit est particulièrement utile pour les nouveaux venus, car il dispose d'un système de vote qui met en évidence le contenu et les discussions les plus populaires, ce qui facilite la recherche rapide d'informations précieuses.

Une autre plateforme populaire est Discord, qui propose des salons de discussion en temps réel où vous pouvez engager des conversations, participer à des collaborations ou même vous joindre à des sessions de codage en direct. De nombreux serveurs Discord publics sont disponibles, tels que ceux gérés par divers développeurs d'outils artistiques d'IA et des communautés centrées sur des logiciels d'IA spécifiques tels que RunwayML ou Artbreeder. Ces groupes sont souvent très actifs et offrent un flux continu d'inspiration et de soutien.

Pour des discussions plus formelles et des plongées plus profondes dans les aspects techniques, envisagez des plates-formes comme Stack Overflow et des forums spécialisés dans l'IA. Bien qu'ils puissent être plus intimidants pour les débutants, ils constituent une excellente source pour résoudre des problèmes techniques spécifiques et améliorer vos compétences en matière de codage. Au fil du temps, la participation à ces discussions peut vous permettre d'approfondir votre compréhension des techniques d'apprentissage automatique et des algorithmes qui se cachent derrière vos outils de génération d'art préférés.

La participation à ces communautés en ligne peut également ouvrir des possibilités de projets collaboratifs. Les artistes et les développeurs s'adressent souvent à ces forums pour demander une collaboration, ce qui leur donne l'occasion de travailler sur des projets plus complexes et plus ambitieux que ceux auxquels ils pourraient s'attaquer seuls. Les efforts de collaboration permettent non seulement d'obtenir un meilleur travail, mais aussi d'apprendre de l'expertise des autres, ce qui apporte une approche multidisciplinaire à votre propre art.

Les groupes Facebook sont un autre lieu de rencontre des passionnés d'IA. Bien que l'algorithme de Facebook ne soit peut-être pas parfait pour découvrir des intérêts de niche par rapport à Reddit ou Discord, il propose divers groupes dédiés à l'art de l'IA. Rejoindre ces groupes peut créer une atmosphère plus décontractée et plus sociale, où vous pouvez partager vos progrès, demander des commentaires et participer à des défis ou des événements communautaires.

Il y a ensuite Twitter, qui n'est peut-être pas un forum traditionnel mais qui est inestimable pour se tenir au courant des dernières tendances et évolutions. De nombreux artistes, chercheurs et organisations spécialisés dans l'IA sont très actifs sur Twitter. En les suivant, vous pouvez vous tenir au courant des outils, des techniques et des événements émergents. Le système de hashtags de la plateforme permet de trouver facilement des messages liés à l'art de l'IA en recherchant des tags tels que #ganart, #aiart ou #generativeart.

Les forums et les groupes en ligne ne sont pas simplement des endroits où l'on peut rôder et consommer du contenu ; ce sont des arènes où l'on peut s'engager de manière active. En commentant les messages, en partageant votre propre travail et en participant aux discussions, vous vous forgerez une réputation et établirez des liens qui peuvent déboucher sur des opportunités concrètes. Certains forums organisent même régulièrement des concours ou des thèmes qui mettent les membres au défi de créer des œuvres d'art en fonction de consignes ou de règles spécifiques, ce qui peut être un excellent moyen de tester vos compétences et de gagner en visibilité.

Ne négligez pas non plus l'importance des communautés de niche plus petites. Même si elles comptent moins de membres, elles offrent souvent un cadre plus intime où vous pouvez nouer des relations plus étroites et obtenir des conseils sur mesure. Des sites web tels que DeviantArt ou ArtStation, bien que traditionnellement axés sur l'art numérique, disposent désormais de sections et de tags consacrés à l'art génératif. La participation à ces communautés peut offrir des perspectives et une inspiration uniques que vous ne trouverez peut-être pas dans des groupes plus vastes et plus généraux.

Il convient également de mentionner que de nombreuses communautés en ligne organisent régulièrement des événements virtuels, tels que des webinaires, des flux en direct et des séances de questions-réponses avec des experts. La participation à ces événements peut vous donner un aperçu de première main des techniques avancées et des nouvelles tendances. En outre, il s'agit d'un autre moyen de participer activement à la communauté et de rester motivé.

En conclusion, les forums et groupes en ligne constituent une ressource étendue et dynamique pour toute personne intéressée par l'art de l'IA. Ils offrent non seulement une assistance technique et de l'inspiration, mais aussi un sentiment de communauté et de camaraderie. Que vous soyez un débutant complet ou que vous cherchiez à approfondir vos connaissances, le fait de rejoindre ces espaces virtuels peut accélérer de manière exponentielle votre croissance et améliorer votre parcours créatif.

Conférences et événements

Se lancer dans le domaine de l'art de l'IA peut être exaltant, mais l'un des moyens les plus efficaces de s'immerger véritablement est de participer à des conférences et à des événements. Ces rassemblements servent de creuset d'idées et offrent d'innombrables possibilités d'apprentissage, de réseautage et d'inspiration. Que vous soyez un novice essayant de saisir les concepts fondamentaux ou un passionné désireux d'explorer les avancées les plus récentes, les conférences peuvent vous fournir la nourriture intellectuelle dont vous avez besoin.

Les grandes conférences sur l'art de l'IA proposent généralement un large éventail d'activités, notamment des discours d'ouverture, des tables rondes, des ateliers pratiques et des démonstrations en direct. Ces événements attirent souvent un mélange éclectique d'artistes, d'ingénieurs, de chercheurs et de leaders de l'industrie, ce qui favorise un environnement propice à la collaboration interdisciplinaire. Par exemple, des événements tels que NeurIPS (Neural Information Processing Systems) et ICCC (International Conference on Computational Creativity) mettent en lumière les recherches révolutionnaires dans le domaine de l'intelligence artificielle et de la créativité informatique. Alors que NeurIPS se concentre sur la communauté de l'IA au sens large, l'ICCC se concentre davantage sur la créativité, offrant un point de rencontre parfait pour ceux qui s'intéressent à l'art de l'IA générative.

Les ateliers de ces conférences offrent un cadre plus intime où vous pouvez acquérir une expérience pratique des outils de l'IA générative. Vous trouverez souvent des sessions couvrant une variété de sujets, allant de l'utilisation des GAN pour générer des œuvres d'art uniques à l'exploitation des VAE pour créer des designs complexes. L'avantage de ces ateliers pratiques est indéniable : ils vous permettent de vous familiariser directement avec les outils et les logiciels sur lesquels vous n'auriez pu autrement que lire ou regarder des tutoriels.

Les occasions d'assister à des démonstrations en direct sont tout aussi convaincantes. Imaginez qu'un modèle d'IA crée un art visuel en temps réel, réglé et manipulé sous vos yeux par des artistes et des ingénieurs expérimentés. Ces sessions ne se contentent pas de montrer ce qui est possible ; elles suscitent des idées pour vos propres projets. Voir un algorithme transformer un ensemble de données en images époustouflantes peut être profondément inspirant, et sert souvent de catalyseur pour vos propres explorations créatives.

Un autre avantage important des conférences et des événements est la possibilité d'entendre directement les pionniers du domaine. Les orateurs principaux sont souvent des leaders d'opinion qui ont apporté des contributions novatrices à l'art de l'IA. Ces conférences donnent un aperçu des dernières recherches, partagent des expériences et, parfois, laissent entrevoir les orientations futures du domaine. Écouter un pionnier parler de son parcours peut être à la fois instructif et très motivant.

Les tables rondes sont un élément essentiel de la plupart des conférences, car elles offrent aux experts une plateforme pour débattre et discuter des tendances actuelles, des considérations éthiques et des possibilités futures. Ces sessions peuvent être instructives, car elles offrent de multiples perspectives sur le même sujet, et abordent souvent des questions que vous n'auriez peut-être pas envisagées. Par exemple, vous pourriez entendre des artistes et des éthiciens discuter des implications de l'art généré par l'IA sur les formes d'art traditionnelles et le concept d'originalité.

Les opportunités de réseautage sont peut-être les joyaux cachés de ces événements. Les conversations décontractées pendant les pauses café, les discussions à l'heure du déjeuner ou les rencontres en soirée peuvent se transformer en relations professionnelles durables. Ces interactions peuvent déboucher sur des collaborations et de nouveaux projets, tout en procurant un sentiment d'appartenance à la communauté. En rejoignant des forums et des groupes après la conférence, on peut étendre ces relations et fournir un soutien et une inspiration continus.

Les sessions spécialisées axées sur les derniers outils et logiciels constituent un autre point fort. Les leaders du secteur utilisent souvent ces plateformes pour lancer de nouveaux outils ou présenter des mises à jour sur des outils existants. Le fait d'être physiquement présent vous permet de poser des questions directes, d'obtenir un retour d'information immédiat et même de résoudre les problèmes que vous pourriez rencontrer avec vos propres projets.

De nombreuses conférences proposent également des expositions d'art présentant les dernières réalisations dans le domaine de l'art de l'IA. Ces expositions peuvent être un régal pour les yeux, car elles montrent la diversité et la créativité que les algorithmes génératifs peuvent atteindre. Outre le plaisir esthétique, ces expositions permettent de mieux comprendre comment différentes techniques et différents modèles peuvent être appliqués de manière créative. En parcourant ces expositions, vous vous demanderez comment repousser les limites de votre propre travail.

L'accessibilité s'améliore également avec l'avènement des conférences virtuelles. En raison de contraintes telles que les frais de déplacement ou les contraintes de temps, il n'est pas toujours possible d'assister à une conférence physique. Les événements virtuels brisent ces barrières, en offrant un moyen de participer à la communauté depuis le confort de son domicile. Bien qu'ils n'offrent pas l'expérience tactile des événements en direct, ils la compensent par des sessions enregistrées, des forums de discussion et des rencontres virtuelles, prolongeant ainsi l'expérience d'apprentissage.

Le choix des conférences auxquelles participer peut sembler écrasant compte tenu de la pléthore d'options. Il est important d'adapter votre choix à vos intérêts spécifiques et à votre compréhension actuelle de l'art de l'IA. Pour ceux qui débutent, les conférences qui couvrent un large éventail de sujets, offrant des sessions 101 et des ateliers de base, peuvent être plus bénéfiques. À l'inverse, si vous vous intéressez à l'art de l'IA depuis un certain temps et que vous souhaitez approfondir des domaines de niche, les conférences spécialisées qui se concentrent sur des types spécifiques de modèles génératifs ou d'applications peuvent être plus appropriées.

En dehors des conférences officielles, il existe de nombreux événements plus petits, des meetups et des hackathons. Ces petits rassemblements offrent un environnement plus décontracté et plus souple où vous pouvez expérimenter, poser des questions et recevoir un retour d'information en temps réel. La participation à un hackathon peut être particulièrement enrichissante ; ces événements sont généralement axés sur la création d'un projet dans un délai court, ce qui encourage l'apprentissage rapide et l'expérimentation pratique.

Enfin, ne négligez pas les événements régionaux. Les rencontres locales et les petites conférences peuvent être extrêmement utiles, car elles offrent la possibilité de rencontrer des personnes de votre région géographique qui partagent vos centres d'intérêt. Ces contacts locaux peuvent déboucher sur des collaborations en personne, des visites de studios et le développement d'une communauté locale d'artistes de l'IA qui vous soutiennent. Qu'il s'agisse d'acquérir une expérience pratique avec des outils et des techniques de pointe ou de nouer des liens inestimables au sein de la communauté, ces événements offrent une mine de connaissances et d'opportunités. Ils constituent des étapes cruciales dans votre parcours, transformant des concepts abstraits en compétences et idées tangibles, ouvrant la voie à votre développement en tant qu'artiste de l'IA. Alors, la prochaine fois que vous entendrez parler d'une conférence sur l'art de l'IA ou d'une rencontre locale, saisissez l'occasion. Vous ne savez jamais quelles étincelles d'inspiration vous pourriez trouver ou qui vous pourriez rencontrer pour vous faire avancer dans votre parcours créatif.

Les artistes de l'IA sont des artistes de l'intelligence artificielle.

Chapitre 18 :
Projets pratiques pour les débutants

La plongée dans le monde de l'IA générative peut être un voyage exaltant, en particulier lorsque vous commencez par des projets pratiques conçus pour les débutants. Dans ce chapitre, nous allons explorer une série de projets adaptés aux débutants qui peuvent vous aider à exploiter la puissance de l'IA générative et à libérer votre créativité. Ces projets pratiques comprennent des guides étape par étape qui décomposent des concepts complexes en tâches gérables, ce qui vous permet de suivre plus facilement et d'acquérir de l'assurance. En outre, nous avons compilé une variété de ressources et de modèles pour lancer vos projets, que vous souhaitiez créer des œuvres d'art, de la musique ou même du texte générés par l'IA. En travaillant sur ces exemples, vous apprendrez non seulement les bases de l'IA générative, mais vous acquerrez également une expérience précieuse qui pourra servir de base à des explorations plus avancées. Alors, prenez vos outils et commençons à créer quelque chose de vraiment extraordinaire!

Les exemples de l'IA générative sont présentés ci-dessous.

Guides étape par étape

Bienvenue au cœur de la concrétisation de vos concepts d'IA générative : c'est là que les connaissances théoriques rencontrent l'application pratique. Les guides étape par étape de ce chapitre visent à être votre compagnon pratique, en fournissant des instructions claires pour des projets qui couvrent divers domaines de l'IA générative. Que vous rêviez de créer une œuvre d'art numérique visuellement époustouflante, de composer un morceau de musique envoûtant ou de générer un texte attrayant, vous trouverez cette section inestimable.

En commençant par des projets simples, ces guides gagneront progressivement en complexité, ce qui vous permettra d'acquérir à la fois de l'assurance et des compétences. Nous accordons une attention particulière aux détails essentiels, expliquons la raison d'être de chaque étape et proposons des conseils pour résoudre les problèmes les plus courants. L'objectif est de démystifier le processus et de rendre l'IA générative accessible, même si vous n'avez jamais écrit une ligne de code auparavant. Alors, plongeons dans le vif du sujet et transformons ces idées imaginatives en projets réels et fonctionnels!

Avant de nous lancer dans des projets spécifiques, il est essentiel de nous assurer que nous disposons des outils et des logiciels appropriés, comme nous l'avons vu au chapitre 7. Il est essentiel que votre espace de travail soit correctement configuré avec les bibliothèques et les cadres nécessaires. Une fois que vous êtes prêt, vous pouvez passer à la phase passionnante de la création pratique.

L'un des projets les plus simples et les plus satisfaisants avec lequel vous pouvez commencer est "Créer un générateur d'art aléatoire à l'aide de réseaux adverbiaux génératifs (GAN)". Les GAN sont un type puissant de réseau neuronal conçu pour générer des données impossibles à distinguer des données réelles. L'objectif de ce projet est de vous familiariser avec les GAN dans un environnement contrôlé, en commençant par des ensembles de données préexistants. Vous apprendrez à prétraiter les données, à entraîner le modèle et à produire de nouvelles images.

Une fois que vous êtes à l'aise avec les données visuelles, la transition vers la "génération de texte avec des réseaux neuronaux récurrents (RNN)" ou les modèles Transformer peut être une progression naturelle. Ce projet vous initiera à la génération d'extraits de texte cohérents, qu'il s'agisse de poésie, de nouvelles ou même d'extraits de code. Vous comprendrez les subtilités des modèles de séquence et de la tokenisation, qui sont les éléments de base pour traiter les tâches de traitement du langage naturel (NLP).

Après avoir maîtrisé le texte et les images, une prochaine étape fantastique consiste à explorer la "génération de musique à l'aide de l'IA générative". Ce projet vous permettra de mieux comprendre les défis et les opportunités uniques liés à la génération de données séquentielles. Différents outils tels que MuseNet d'OpenAI ou Magenta de Google entreront en jeu, montrant comment l'IA peut composer de la musique dans différents styles. Ce guide vous guidera à travers la préparation des ensembles de données, la sélection des modèles et l'entraînement, pour aboutir aux symphonies numériques que vous avez toujours voulu créer.

Pour passer à la vitesse supérieure, envisagez de vous plonger dans la "Génération de contenu procédural pour la conception de jeux". Si vous vous intéressez au développement de jeux, ce guide vous montrera comment les modèles génératifs peuvent automatiser la création d'éléments de jeu tels que les niveaux, les personnages et les scénarios. L'accent sera mis sur l'intégration des modèles génératifs dans des moteurs de jeu populaires comme Unity, afin de garantir une expérience transparente du code à la console.

Pour ceux qui ont une imagination débordante, "Creating Interactive and Immersive Art Using Generative AI and VR" est un excellent projet à réaliser. La réalité virtuelle (VR) et la réalité augmentée (AR) repoussent les limites de la façon dont les utilisateurs interagissent avec le contenu numérique. Ce guide vous aidera à créer des installations artistiques immersives qui réagissent aux entrées de l'utilisateur ou aux déclencheurs environnementaux. Le mariage de l'IA et de la RV offre des possibilités illimitées, et ce guide vise à vous aider à exploiter ce potentiel.

Dans un autre ordre d'idées, "Générer des visages et des avatars humains réalistes" pourrait être un projet intriguant. À l'aide d'autoencodeurs variationnels (VAE) et de GAN, vous apprendrez à produire des visages humains très réalistes. Les applications de cette technologie sont vastes, de la création d'influenceurs virtuels au peuplement de jeux vidéo avec des personnages photoréalistes. Le guide fournira des précisions sur la collecte de données, les considérations éthiques et les étapes techniques permettant d'obtenir des avatars réalistes.

Bien entendu, aucune section sur les guides pratiques ne serait complète sans aborder les "aspects éthiques et sociétaux des projets d'IA générative". S'il est exaltant de voir ses créations d'IA prendre vie, les considérations éthiques ne doivent jamais passer au second plan. Ce segment comprendra des lignes directrices sur l'identification et l'atténuation des biais dans vos données et modèles, garantissant que vos projets génératifs sont équitables, inclusifs et ne font pas de mal. La compréhension de ces implications imprègne votre travail de responsabilité et de prévoyance.

Un projet moins connu mais tout aussi fascinant est la "Génération de données synthétiques pour l'apprentissage automatique". Les données synthétiques ont des applications dans des scénarios où les données réelles sont rares, sensibles ou coûteuses à obtenir. Ce guide vous aidera à comprendre comment utiliser des modèles génératifs pour créer des ensembles de données synthétiques qui imitent les distributions de données du monde réel, ce qui peut être essentiel pour former des algorithmes robustes d'apprentissage automatique.

Un autre projet intéressant est "Créer des générateurs d'histoires alimentés par l'IA". Il combine la génération de texte avec une couche de prise de décision pour produire des histoires interactives qui répondent aux entrées de l'utilisateur. À l'aide de diverses techniques

NLP et de modèles d'IA, vous construirez un système capable de créer des récits à embranchements, offrant ainsi une expérience de narration dynamique et attrayante.

Enfin, considérez le "Projet de milieu de gamme : AI Style Transfer for Images". Le transfert de style vous permet d'appliquer le style artistique d'une image au contenu d'une autre. Imaginez que vous puissiez rendre vos photographies dans le style de la "Nuit étoilée" de Van Gogh ou du "Cubisme" de Picasso. Ce projet couvrira la sélection des algorithmes, les astuces de mise en œuvre et les évaluations esthétiques, pour aboutir à des résultats visuellement époustouflants.

Chaque projet comprend des instructions détaillées, des extraits de code et des conseils de dépannage complets. Au fur et à mesure de votre progression, n'oubliez pas que l'objectif de ces guides n'est pas de vous faire reproduire des projets existants, mais d'inspirer l'innovation en fournissant une base. Le véritable art consiste à expérimenter au-delà de ces guides pour créer quelque chose qui vous est propre.

Au fur et à mesure de vos projets, vous découvrirez inévitablement de nouveaux défis et des domaines à améliorer. Ce processus d'apprentissage itératif, associé à une approche curieuse et ouverte, sera votre principal atout. Transformez ces guides pas à pas en tremplins pour votre voyage créatif dans le monde fascinant de l'IA générative.

En conclusion, ces guides pas à pas servent de tremplin dans le domaine vibrant de l'IA générative. Qu'il s'agisse d'art visuel, de musique, de texte ou de contenu de jeu, chaque projet est conçu pour transmettre des compétences fondamentales tout en stimulant votre créativité. Plongez dans les profondeurs, expérimentez sans crainte et, surtout, appréciez le processus. Le monde de l'IA générative est vaste et en constante évolution, et vos contributions pourraient constituer la prochaine grande vague d'innovation.

Ressources et modèles

Pour maîtriser l'IA générative et créer des projets convaincants basés sur l'IA, l'accès aux bonnes ressources et aux bons modèles peut changer la donne. Cette section vise à fournir une collection complète d'outils, de modèles et de ressources essentiels qui s'adresseront spécifiquement aux débutants qui se lancent dans des projets pratiques d'IA générative. Trouver le bon ensemble de données, mettre en œuvre des modèles de pointe et peaufiner vos créations nécessitent des ressources qui sont à la fois accessibles et simples pour les nouveaux venus.

Pour commencer par les ensembles de données, les référentiels en libre accès tels que Kaggle, UCI Machine Learning Repository et les ensembles de données d'OpenAI sont inestimables. Ces plateformes offrent une pléthore d'options allant des ensembles de données d'images pour l'art visuel aux corpus de textes pour les projets de traitement du langage naturel. Par exemple, Kaggle ne se contente pas de fournir des ensembles de données, mais organise également des concours qui s'accompagnent souvent d'ensembles de données robustes et de codes exemplaires de la part des meilleurs participants. Si vous travaillez sur un projet d'art visuel, ImageNet ou COCO (Common Objects in Context) pourraient vous être particulièrement utiles.

Pour ce qui est des modèles pré-entraînés, des initiatives telles que TensorFlow Hub et PyTorch Hub offrent une vaste gamme de modèles pré-entraînés qui peuvent donner un coup de fouet à votre projet. Ces référentiels comprennent des modèles pour diverses tâches telles que la génération d'images, la traduction de langues et même des tâches plus spécialisées comme le transfert de style. L'utilisation de ces modèles pré-entraînés peut vous faire gagner beaucoup de temps et de ressources informatiques, ce qui vous permet de vous concentrer davantage sur les aspects créatifs de votre projet.

Les modèles de code et les exemples sont essentiels lorsque vous débutez. Des sites web tels que GitHub et GitLab hébergent des milliers de dépôts où des praticiens expérimentés partagent leur code, souvent avec des fichiers readme détaillés et des instructions de configuration. Suivre ces exemples bien documentés peut servir de tremplin pour comprendre des algorithmes et des méthodologies complexes. En outre, bon nombre de ces dépôts incluent des carnets Jupyter, qui offrent un moyen interactif d'explorer et de modifier le code, rendant l'apprentissage plus intuitif et moins intimidant.

Pour ceux qui s'intéressent à des cadres spécifiques, de nombreuses bibliothèques sont accompagnées de leur propre documentation et de projets d'exemple. TensorFlow propose une vaste collection de tutoriels et de guides allant du niveau débutant au niveau avancé. De même, les tutoriels de PyTorchâ couvrent tout, des bases au déploiement de modèles dans des environnements de production. La documentation officielle et les forums communautaires de ces bibliothèques sont d'excellentes ressources pour résoudre les problèmes et demander conseil à des développeurs plus expérimentés.

Un élément souvent négligé mais essentiel de tout projet d'IA générative est l'infrastructure de calcul. Les services cloud tels que Google Colab, qui offre un accès gratuit aux GPU et TPU, peuvent être incroyablement utiles pour les débutants qui ne disposent pas d'un matériel haut de gamme. En outre, des plateformes comme AWS et Azure fournissent des ressources informatiques évolutives, vous permettant d'exécuter des modèles et des expériences complexes sans avoir besoin d'un investissement initial substantiel dans du matériel physique.

Des modèles préconstruits peuvent également simplifier la configuration initiale et vous aider à maintenir une approche structurée de vos projets. Des modèles pour des types de projets spécifiques, tels que la création d'un GAN pour la synthèse d'images ou d'un VAE pour la génération de nouvelles musiques, peuvent offrir une base solide sur laquelle vous pouvez construire et personnaliser votre travail. Des sites Web tels que Papers with Code associent souvent les documents de recherche originaux aux bases de code correspondantes, ce qui vous permet d'accéder à des méthodologies de pointe parallèlement à l'implémentation réelle.

Les ressources communautaires peuvent également être extrêmement utiles. Des plateformes telles que Stack Overflow, Reddit et des forums spécialisés tels que AI Alignment Forum et GitHub Discussions offrent des espaces où vous pouvez poser des questions, partager des idées et apprendre de l'expérience des autres. Ces communautés sont généralement très accueillantes pour les débutants, et le fait de s'engager avec elles peut accélérer votre processus d'apprentissage.

Pour une approche plus guidée, les cours et tutoriels en ligne proposés par des institutions telles que Coursera, edX et Udacity sont fortement recommandés. Ces cours sont souvent accompagnés de devoirs et de projets que vous pouvez ajouter à votre portfolio. En outre, des plateformes comme Medium et Towards Data Science proposent de nombreux articles et guides rédigés par des praticiens et des chercheurs en IA, qui couvrent un large éventail de sujets et de conseils pratiques.

Les livres et les articles savants constituent une autre ressource riche. Si les articles et les tutoriels en ligne sont parfaits pour un apprentissage rapide, se plonger dans des manuels tels que "Deep Learning" de Ian Goodfellow, Yoshua Bengio et Aaron Courville permet de mieux comprendre les théories et les méthodologies sous-jacentes. Pour une lecture plus ciblée, les articles de recherche disponibles sur arXiv peuvent vous donner un aperçu des dernières avancées en matière d'IA générative.

Pour enrichir davantage votre boîte à outils, les bibliothèques logicielles sont indispensables. Les bibliothèques Python telles que NumPy, pandas et Matplotlib sont essentielles pour la manipulation et la visualisation des données. Pour les tâches plus spécifiques à l'IA générative, des bibliothèques comme TensorFlow, PyTorch et Keras sont équipées de nombreuses fonctionnalités et de modèles préconstruits qui peuvent accélérer considérablement votre processus de développement. Keras, en particulier, est connu pour sa simplicité et sa facilité d'utilisation, ce qui en fait un excellent choix pour les débutants.

Enfin, ne sous-estimez pas la puissance des tutoriels et des guides fournis par des praticiens expérimentés. Des sites web tels que YouTube et Coursera hébergent de nombreux tutoriels vidéo dans lesquels des experts vous guident pas à pas à travers des concepts complexes. Les chaînes consacrées à l'IA et à l'apprentissage automatique peuvent être particulièrement utiles pour décomposer des idées sophistiquées en segments plus compréhensibles.

En résumé, la vaste gamme de ressources et de modèles disponibles aujourd'hui peut ouvrir la voie à une entrée plus facile et plus engageante dans le monde de l'IA générative. En utilisant les forums communautaires, en exploitant les modèles pré-entraînés, en accédant à des ensembles de données de qualité et en suivant des tutoriels structurés, vous économiserez non seulement du temps et des efforts, mais vous acquerrez également une compréhension et une appréciation plus approfondies de ce domaine fascinant. Lorsque vous vous plongerez dans vos projets pratiques, ces ressources seront vos compagnons, vous guidant à travers les défis et célébrant les percées tout au long du chemin.

Modèles préentraînés, accès à des ensembles de données de qualité et tutoriels structurés.

Chapitre 19 :
Maintenir et mettre à
jour votre travail

Au fur et à mesure que vous avancez dans votre voyage avec l'IA générative, la maintenance et la mise à jour de votre travail sont essentielles pour assurer sa longévité et sa pertinence. Le contrôle des versions devient indispensable pour suivre l'évolution de vos projets, ce qui vous permet de réfléchir aux itérations passées et de tirer des enseignements de vos expériences. L'amélioration continue, quant à elle, implique un cycle d'affinage des modèles, d'intégration de nouvelles données et de veille technologique. Ce processus continu permet non seulement d'améliorer la qualité de vos créations, mais aussi de renforcer votre compréhension et vos compétences. En adoptant ces pratiques, vous ne vous contentez pas de préserver votre travail ; vous préparez le terrain pour de futures innovations et découvertes dans le domaine dynamique de l'art piloté par l'IA.

Contrôle de version

Le contrôle de version est une pratique essentielle, en particulier dans le domaine dynamique et en évolution rapide de l'IA générative. Pour ceux qui ne connaissent pas le concept, le contrôle de version est un moyen sophistiqué de suivre les modifications apportées à votre travail au fil du temps. Que vous soyez débutant ou passionné, l'utilisation de systèmes de contrôle des versions (VCS) peut considérablement simplifier votre flux de travail et améliorer votre productivité.

Imaginez que vous avez passé des heures à créer un modèle d'IA générative qui produit un art visuel époustouflant. Vous décidez de modifier un paramètre pour voir s'il peut rendre votre art encore meilleur. Une semaine plus tard, vous réalisez que la modification n'a pas été aussi efficace que vous l'espériez. Sans contrôle de version, il peut être fastidieux et source d'erreurs de revenir sur ses pas et de revenir à l'état précédent. Avec le contrôle de version, en revanche, vous pouvez revenir sans effort à l'état antérieur du projet, ce qui vous permet de gagner du temps et d'éviter la frustration.

L'un des principaux avantages de l'utilisation du contrôle de version dans vos projets d'IA créative est la possibilité de travailler en collaboration. Lorsque plusieurs personnes contribuent à un projet, il est essentiel de disposer d'un système capable de gérer des modifications simultanées sans écraser les contributions de quelqu'un d'autre. Les systèmes de contrôle de version tels que Git offrent un moyen de s'écarter du projet principal, permettant aux membres de l'équipe de travailler indépendamment sur différentes fonctionnalités avant de fusionner leurs modifications dans la base de code principale. Vous pouvez créer une nouvelle branche pour tester une idée ou modifier une fonctionnalité existante. Si l'expérience est concluante, vous pouvez la fusionner avec le projet principal ; dans le cas contraire, il suffit de supprimer la branche. Cette approche stimule la créativité car elle élimine la crainte de commettre des erreurs irréversibles.

Pour les débutants, la navigation dans un système de contrôle de version peut sembler intimidante au premier abord, mais la courbe d'apprentissage en vaut la peine. Des outils tels que GitHub, GitLab et Bitbucket offrent des interfaces intuitives qui simplifient le processus, facilitant ainsi la gestion efficace de vos versions. Bon nombre de ces plateformes s'intègrent également à des environnements de développement intégrés (IDE) populaires tels que PyCharm, Visual

Studio Code et Jupyter Notebooks, ce qui les rend de plus en plus accessibles.

L'utilisation judicieuse des messages de validation est un autre aspect crucial d'un contrôle de version efficace. Lorsque vous apportez une modification à votre projet, livrez ces changements avec des messages descriptifs qui indiquent ce qui a été modifié et pourquoi. Par exemple, le message "Modification du taux d'apprentissage de 0,01 à 0,001 pour améliorer la précision du modèle" est beaucoup plus pertinent qu'un message générique "Mise à jour des paramètres". Les messages de validation détaillés constituent un historique qui vous permet de comprendre l'évolution de votre projet au fil du temps et facilite le débogage et la collaboration.

Un autre élément important du contrôle de version est la stratégie de branchement. Différentes équipes peuvent utiliser diverses stratégies de branchement en fonction de leurs exigences en matière de flux de travail. Certaines peuvent utiliser un modèle de "branche de fonctionnalités", où chaque nouvelle fonctionnalité est développée dans une branche distincte. D'autres peuvent utiliser une "branche de publication", qui se concentre sur la stabilisation d'une version avant de la déployer. Comprendre et sélectionner une stratégie de branchement appropriée peut rendre votre projet plus organisé et votre flux de travail plus fluide.

Les étiquettes et les balises sont des outils supplémentaires dans le contrôle de version qui peuvent vous aider à garder une trace des points importants dans l'histoire de votre projet. Les balises peuvent être utilisées pour marquer les versions, ce qui facilite l'identification des versions stables de votre travail. Par exemple, vous pouvez marquer un commit particulier comme "v1.0" lorsque vous êtes prêt à publier votre première version. Cette pratique est bénéfique non seulement pour votre référence, mais aussi lorsque vous partagez votre travail avec d'autres personnes, qu'il s'agisse de collaborateurs ou d'un public.

N'oublions pas les tests automatisés et l'intégration continue (IC) lorsque nous parlons de contrôle de version. Les tests automatisés permettent de s'assurer que les modifications apportées au code ne cassent pas les fonctionnalités existantes. Associés à des services d'intégration continue tels que Travis CI, Jenkins ou GitHub Actions, chaque changement est automatiquement testé et vous êtes instantanément averti en cas de problème. Ce flux de travail est inestimable pour maintenir l'intégrité de vos projets d'IA générative, en particulier lorsqu'ils deviennent plus complexes.

L'une des clés d'un contrôle de version réussi est la cohérence. Prenez l'habitude de valider souvent vos modifications et d'utiliser une stratégie de message de validation descriptive. Des livraisons régulières permettent de suivre vos progrès et fournissent un filet de sécurité, de sorte que vous pouvez revenir à des états antérieurs chaque fois que cela est nécessaire. Au début, cela peut sembler une charge supplémentaire, mais avec le temps, cette pratique s'avérera salvatrice.

Imaginez l'exploration de différents algorithmes pour générer de la musique avec l'IA. Il se peut que vous disposiez de plusieurs versions de travail, chacune ayant sa particularité. Sans contrôle de version, la gestion manuelle de ces itérations peut devenir ingérable. Cependant, grâce au contrôle de version, chaque version peut résider dans sa propre branche, ce qui vous permet de passer de l'une à l'autre de manière transparente tout en conservant une base de code principale propre. Lorsque vous trouvez la solution optimale, la fusionner dans la branche principale est simple et sûr.

La documentation est un aspect essentiel qui s'associe bien au contrôle de version. En associant une documentation complète à vos projets versionnés, vous créez un cadre robuste qui protège vos efforts d'IA générative pour l'avenir. Ainsi, chaque fois que vous revenez à votre projet ou que vous intégrez de nouveaux collaborateurs, la documentation sert de guide, assurant la continuité et la clarté.

Même dans les projets individuels, le contrôle de version peut être un allié puissant pour l'amélioration continue. En conservant des notes détaillées et des messages de validation, vous pouvez tirer des leçons des erreurs et des réussites passées, ce qui rendra vos futurs projets plus efficaces. En outre, la discipline inculquée par l'utilisation régulière du contrôle de version peut faire de vous un développeur plus méticuleux et plus réfléchi.

À l'ère des contributions open-source, il est indispensable de comprendre le contrôle de version. De nombreux projets et bibliothèques d'avant-garde en matière d'IA générative se trouvent dans des référentiels open-source. Pour contribuer à ces projets, il faut se familiariser avec les principes du contrôle de version. En participant à ces projets, vous développez non seulement vos compétences, mais vous faites également partie d'une communauté plus large qui repousse les limites de ce qui est possible avec l'IA.

La maîtrise du contrôle de version peut sembler être une corvée supplémentaire au départ, mais les avantages à long terme sont considérables. Vous disposez ainsi des outils nécessaires pour gérer méthodiquement vos projets d'IA générative, atténuer les risques et collaborer efficacement. Dans un domaine où l'innovation est rapide et où les changements sont la norme, la maîtrise du contrôle des versions n'est pas seulement un atout, mais une nécessité.

La maîtrise du contrôle des versions est un atout et une nécessité.

Amélioration continue

Une fois que vous avez maîtrisé les principes fondamentaux et que vous avez commencé à créer vos propres projets d'IA générative, il est facile de ressentir un sentiment d'accomplissement. Mais comme dans toute entreprise créative ou technique, il y a toujours de la place pour la croissance et le raffinement. L'amélioration continue est un voyage, pas une destination, et elle est cruciale pour faire évoluer vos compétences et rester à jour dans le paysage en constante évolution de l'IA générative.

La première étape de l'amélioration continue est de cultiver un état d'esprit d'apprentissage tout au long de la vie. Dans le domaine de l'IA, qui évolue rapidement, ce qui est à la pointe du progrès aujourd'hui peut devenir obsolète demain. En vous abonnant à des bulletins d'information, en suivant des chercheurs et des praticiens influents sur les médias sociaux et en rejoignant des communautés axées sur l'IA, vous pouvez vous tenir au courant des dernières avancées. Participer à des forums ou à des communautés en ligne, comme r/MachineLearning sur Reddit ou des groupes spécifiques à l'art de l'IA, vous permet d'échanger des idées et d'obtenir des commentaires de pairs qui partagent vos intérêts.

Un autre aspect clé de l'amélioration continue consiste à se fixer des objectifs spécifiques. Plutôt que de viser vaguement à "s'améliorer", définissez des objectifs concrets que vous souhaitez atteindre dans un délai déterminé. Par exemple, vous pourriez vouloir maîtriser un nouveau cadre d'IA, participer à un concours Kaggle ou publier un article sur vos découvertes. Des objectifs clairs vous permettent de suivre vos progrès et de rester motivé. Décomposez ces objectifs en tâches gérables et célébrez les petites victoires en cours de route pour rester motivé.

Le retour d'information est un élément crucial de l'amélioration. Il peut être tentant de travailler en vase clos, surtout si vous êtes du genre créatif, mais les commentaires des autres peuvent offrir de nouvelles perspectives et identifier des domaines d'amélioration que vous auriez pu négliger. Participez à des hackathons, à des conférences ouvertes sur l'art de l'IA ou à des rencontres locales où vous pouvez présenter votre travail et recevoir des critiques constructives. Cela vous permet non seulement de vous améliorer, mais aussi d'élargir votre réseau, ce qui vous offre des collaborations potentielles et de nouvelles possibilités d'apprentissage.

En outre, la pratique réflexive peut être incroyablement bénéfique. Après avoir terminé un projet, prenez le temps d'examiner ce qui s'est bien passé et ce qui aurait pu être fait différemment. Tenez un journal dans lequel vous consignerez votre processus, vos défis et vos solutions. Cela vous servira non seulement de référence précieuse pour les projets futurs, mais vous aidera également à reconnaître les tendances dans vos approches créatives et techniques qui pourraient nécessiter des ajustements.

L'adoption de nouveaux outils et de nouvelles techniques est essentielle à la croissance. Le domaine de l'IA générative est inondé d'outils, de bibliothèques et de cadres innovants. Par exemple, si vous utilisez principalement TensorFlow, vous pourriez expérimenter PyTorch pour voir s'il offre des avantages différents pour votre flux de travail. Participer régulièrement à des ateliers et à des sessions de formation peut vous aider à maîtriser les outils les plus récents. De nombreuses plateformes en ligne telles que Coursera, edX et Udacity proposent des cours spécialisés animés par des experts du domaine.

Réviser et mettre à jour des projets antérieurs est une autre stratégie efficace d'amélioration continue. À mesure que vous apprenez de nouvelles techniques, appliquez-les à vos anciens travaux pour voir comment ils peuvent être améliorés. Cela permet non seulement de donner un nouveau souffle aux créations antérieures, mais aussi de mesurer concrètement les progrès accomplis au fil du temps. Mettez à jour les référentiels et la documentation de vos projets afin qu'ils reflètent vos méthodes et vos idées les plus récentes. L'intégration de systèmes de contrôle des versions, comme Git, vous permet d'organiser et de gérer proprement les itérations de vos projets.

La collaboration entre pairs peut également ouvrir de nouvelles portes à l'amélioration. Travailler avec d'autres personnes permet non seulement de diffuser des connaissances, mais aussi de découvrir des approches et des idées différentes. Les projets de collaboration peuvent mettre à l'épreuve et élargir votre propre ensemble de compétences d'une manière que vous n'auriez peut-être pas anticipée. Participez à des projets de groupe, qu'il s'agisse de projets académiques formels ou de collectifs créatifs plus occasionnels. Apprendre à fusionner différents styles et techniques est inestimable dans le monde de l'art de l'IA, où les approches interdisciplinaires conduisent souvent au travail le plus innovant.

Les ensembles de données d'entraînement sont le fondement de l'IA générative, et leur qualité a un impact significatif sur le résultat. L'affinage continu de vos ensembles de données par l'ajout de données diverses et de haute qualité peut améliorer la robustesse et la créativité de vos modèles. L'expérimentation de techniques d'augmentation des données ou la collecte d'ensembles de données de niche adaptés à votre vision artistique peuvent produire des résultats plus surprenants et plus engageants. Veiller à ce que vos ensembles de données proviennent de sources éthiques et soient bien documentés permet non seulement d'améliorer leur qualité, mais aussi de s'aligner sur les pratiques éthiques plus générales en matière d'IA.

Rester curieux et expérimenter sont des attitudes cruciales pour une amélioration continue. L'IA générative se nourrit de l'expérimentation. Essayez différentes architectures de modèles, modifiez les hyperparamètres, voire combinez plusieurs modèles pour voir quels résultats uniques vous pouvez produire. Parfois, les combinaisons les plus inattendues peuvent déboucher sur des créations révolutionnaires. Maintenez un environnement de type "bac à sable" dans lequel vous pouvez tester et itérer sans être soumis à la pression de la finalité. Cette liberté favorise la créativité et l'innovation.

On ne saurait trop insister sur l'importance de l'apprentissage interdisciplinaire. L'IA générative recoupe divers domaines tels que l'informatique, l'art, la musique et même la psychologie. Se plonger dans ces autres domaines peut apporter une inspiration et des idées nouvelles à vos projets d'IA. Par exemple, l'étude des principes de l'art traditionnel peut contribuer à améliorer la qualité esthétique des images générées par l'IA, tandis que la compréhension de la théorie musicale peut conduire à des morceaux de musique composés par l'IA plus riches et plus complexes.

Se tenir au courant de la recherche universitaire peut vous aider à repousser les limites de votre propre travail. L'accès à des articles universitaires sur des plateformes telles qu'arXiv ou par l'intermédiaire de bibliothèques universitaires peut vous permettre de découvrir des méthodologies novatrices et les dernières découvertes dans le domaine. Les articles comprennent souvent des descriptions détaillées d'expériences, qui peuvent servir de modèles pour vos propres recherches. Assistez à des conférences universitaires, en personne ou virtuellement, pour dialoguer directement avec les chercheurs et poser des questions qui correspondent à vos défis et à vos intérêts particuliers.

Participez à des concours et à des défis. Des plateformes telles que Kaggle organisent des concours qui peuvent donner un coup de fouet à votre apprentissage et vous proposer des problèmes concrets à résoudre. Ces concours proposent souvent des ensembles de données complexes et des exigences de projet spécifiques, ce qui vous pousse à appliquer vos compétences de manière créative. Au-delà de la compétition immédiate, vous pouvez étudier les solutions et la méthodologie gagnantes pour glaner de nouvelles techniques et perspectives.

Enfin, il est bénéfique de comprendre et d'adopter les dimensions philosophiques et éthiques de votre travail. L'IA générative ne se contente pas de créer de l'art ; elle soulève également des questions sur la nature de la créativité, de la paternité et même du rôle futur des humains dans le processus créatif. En vous penchant sur ces questions, vous pouvez approfondir votre compréhension et votre appréciation de votre travail, ce qui le rend plus significatif et plus percutant.

En adoptant ces stratégies d'amélioration continue, vous serez mieux équipé pour naviguer dans le paysage évolutif de l'IA générative. Votre voyage sera enrichi par de nouvelles compétences, des connaissances plus approfondies et, peut-être plus important encore, par une communauté dynamique de passionnés et de professionnels qui peuvent partager cette aventure transformatrice avec vous.

Les stratégies d'amélioration continue que vous adoptez vous permettent de mieux naviguer dans le paysage évolutif de l'IA générative.

Chapitre 20 :
Monétiser l'art généré par l'IA

À mesure que le paysage de la créativité évolue, la monétisation de l'art généré par l'IA se révèle non seulement une entreprise innovante, mais aussi une source de revenus viable pour les artistes et les passionnés de technologie. En naviguant sur diverses plateformes, vous pouvez vendre vos créations sous licence et atteindre un public mondial avide du prochain chef-d'œuvre numérique. L'exploitation des possibilités de crowdfunding et de parrainage amplifie encore votre portée, en vous offrant le soutien financier et la validation d'une communauté qui s'investit dans votre réussite. Les possibilités sont vastes, allant de l'offre d'impressions exclusives à la création de pièces sur mesure pour des clients, ce qui vous permet de transformer votre passion en profit. Alors que vous vous engagez sur cette voie passionnante, rappelez-vous que le bon mélange de créativité, de sens des affaires et de technologie vous permettra de prospérer dans le monde en plein essor de l'art de l'IA.

Art de l'IA.

Licences et ventes

Licences et ventes d'œuvres d'art générées par l'IA peuvent être une entreprise à la fois passionnante et difficile. Cette section vous guidera à travers les éléments essentiels pour naviguer dans le paysage commercial, en vous offrant des conseils pratiques sur la façon de monétiser vos créations tout en veillant à respecter les lois sur la propriété intellectuelle et les normes industrielles.

Tout d'abord, plongeons dans le concept de licence. L'octroi de licences consiste essentiellement à accorder l'autorisation d'utiliser vos œuvres d'art dans des conditions bien définies. Il s'agit souvent d'accords juridiques qui précisent comment, où et pendant combien de temps l'œuvre peut être utilisée. Lorsqu'il s'agit d'œuvres d'art générées par l'IA, il est essentiel de comprendre les différents types de licences disponibles, telles que les licences exclusives, non exclusives et libres de droits.

Les licences exclusives accordent au preneur de licence tous les droits d'utilisation de l'œuvre d'art, limitant souvent la possibilité pour l'artiste de vendre ou de concéder sous licence la même œuvre à d'autres. Ce type de licence peut être lucratif, mais son prix est généralement plus élevé. Les licences non exclusives, en revanche, permettent à l'artiste de concéder la même œuvre à plusieurs acheteurs. Cela peut être bénéfique pour atteindre un public plus large et générer des flux de revenus continus. Les licences libres de droits permettent à l'acheteur d'utiliser l'œuvre d'art sans payer de redevances, mais elles sont généralement assorties de limitations d'utilisation plus importantes que les autres types de licences.

En tant que débutant ou enthousiaste, vous vous demandez peut-être comment commencer à octroyer des licences pour vos œuvres d'art générées par l'IA. Un moyen efficace de mettre le pied dans la porte consiste à utiliser des plateformes en ligne telles que ArtStation, Adobe Stock et Shutterstock. Ces plateformes permettent de toucher un large public d'acheteurs potentiels à la recherche d'œuvres d'art numériques uniques. Elles fournissent également des cadres de licence intégrés, ce qui vous permet de vous concentrer sur la création d'œuvres d'art plutôt que de vous embourber dans des complexités juridiques.

En plus de tirer parti des plateformes en ligne, vous pouvez également choisir de créer votre propre site web ou votre propre portefeuille. Cette solution vous permet de mieux contrôler vos œuvres, leurs prix et leurs conditions d'utilisation. Veillez à inclure des informations complètes sur les types de licences que vous proposez, ainsi que des conditions générales claires afin d'éviter tout malentendu en cours de route.

Un autre aspect crucial de l'octroi de licences est la compréhension de la valeur de votre travail. L'art généré par l'IA est un domaine relativement nouveau, et les prix peuvent varier considérablement. Des facteurs tels que le caractère unique de l'œuvre, la complexité du processus de création et l'utilisation prévue peuvent avoir un impact sur sa valeur. L'étude d'œuvres comparables sur le marché peut fournir des indications précieuses sur la manière de fixer un prix compétitif pour votre œuvre d'art.

Examinons maintenant les ventes. La vente d'œuvres d'art générées par l'IA peut prendre de nombreuses formes, qu'il s'agisse de transactions ponctuelles ou de flux de revenus continus. Votre approche dépendra en grande partie de vos objectifs, de votre public et de la nature de votre art. Les ventes directes par le biais de votre site Web ou de plateformes numériques peuvent être simples, permettant aux acheteurs d'acquérir des impressions, des téléchargements numériques ou même des marchandises physiques comportant votre œuvre d'art.

Les places de marché en ligne comme Etsy, Redbubble et Society6 offrent des solutions prêtes à l'emploi pour la vente d'impressions et de marchandises. Ces plateformes prennent en charge une grande partie de la logistique, comme l'impression, l'expédition et le service clientèle, ce qui vous permet de vous concentrer sur votre art. Il convient également de noter que les plateformes de ce type proposent souvent des forums et des ressources communautaires pour vous aider à optimiser vos annonces et à accroître votre visibilité.

Au-delà des ventes directes, envisagez de participer à des expositions d'art, des galeries et des salons, en ligne et hors ligne. Bien que ces lieux soient traditionnellement orientés vers les œuvres d'art conventionnelles, l'intérêt croissant pour l'art numérique ouvre de nouvelles voies aux œuvres générées par l'IA. Exposer votre travail peut non seulement accroître votre visibilité, mais aussi attirer des acheteurs et des collaborateurs potentiels.

Pour ceux qui cherchent à s'engager auprès des entreprises, proposer des travaux sur commande peut être lucratif. Les entreprises recherchent souvent des visuels uniques et innovants pour leur image de marque, leur marketing et leurs communications internes. L'art généré par l'IA peut se distinguer par sa nouveauté et sa personnalisation. Pour poursuivre dans cette voie, créez un portfolio convaincant présentant vos capacités, et n'hésitez pas à contacter directement des clients potentiels.

À l'ère numérique actuelle, les plateformes de médias sociaux telles qu'Instagram, Pinterest et TikTok peuvent également servir d'outils puissants pour le marketing et la vente de votre art généré par l'IA. La publication constante d'images de haute qualité, l'engagement avec les adeptes et la collaboration avec les influenceurs peuvent générer du trafic vers vos canaux de vente. Bien que la monétisation de l'art de l'IA offre de nombreuses opportunités, il est également important de relever des défis tels que les questions de droits d'auteur et d'utilisation équitable. L'art génératif implique souvent des données d'entraînement substantielles, qui peuvent inclure des documents protégés par le droit d'auteur. Il est essentiel de veiller à ce que vos sources de données soient dûment autorisées et créditées afin d'éviter les répercussions juridiques. Des outils et des ressources comme Open

Images Dataset de Google ou Creative Commons peuvent offrir des alternatives pour obtenir des données légalement conformes.

La transparence avec vos acheteurs est un autre aspect clé ; que votre art soit entièrement généré par l'IA ou qu'il implique une collaboration humaine, le fait de communiquer clairement le processus derrière chaque pièce peut renforcer la confiance et l'authenticité. Fournir des descriptions détaillées, y compris les algorithmes et les outils utilisés, peut également ajouter une couche supplémentaire d'intrigue et de valeur pour les acheteurs potentiels.

Enfin, pensez à long terme. L'établissement d'un modèle durable pour les licences et les ventes implique une adaptation et un apprentissage continus. En vous tenant au courant des tendances du secteur, des plateformes émergentes et de l'évolution des normes juridiques, vous pourrez affiner votre approche et maximiser votre succès. En résumé, la monétisation de l'art généré par l'IA par le biais de licences et de ventes présente de multiples facettes et nécessite un mélange de créativité, de sens des affaires et de connaissances juridiques. En tirant parti de diverses plateformes, en comprenant votre public et en affinant constamment votre stratégie, vous pouvez libérer tout le potentiel de votre art de l'IA dans le domaine commercial.

Crowdfunding et sponsoring

Lorsqu'il s'agit de monétiser l'art de l'IA, le crowdfunding et le sponsoring sont deux voies populaires qui méritent d'être explorées. Toutes deux offrent aux créateurs des possibilités distinctes d'obtenir un soutien financier tout en conservant un certain degré de liberté créative. Voyons ce que chaque mécanisme implique et comment vous pouvez l'exploiter pour soutenir vos projets d'IA générative.

Le crowdfunding consiste à rallier une communauté autour de votre vision. Des plateformes telles que Kickstarter, Indiegogo et Patreon offrent aux créateurs une tribune pour présenter leurs projets, recueillir des soutiens et obtenir des contributions financières de la part d'un large public. L'attrait pour les bailleurs de fonds réside souvent dans le sentiment d'un engagement direct et d'une contribution au développement d'une œuvre innovante.

La création d'une campagne de crowdfunding réussie nécessite une planification méticuleuse. La première étape cruciale consiste à élaborer un récit captivant autour de votre projet d'art de l'IA. Expliquez ce qui rend votre travail unique, pourquoi il est important et comment il repousse les limites de l'IA générative. Des supports visuels, tels que des vidéos de démonstration ou des exemples d'œuvres d'art, peuvent améliorer considérablement votre présentation. Elles donnent aux bailleurs de fonds potentiels une idée concrète de ce qu'ils soutiennent.

Un autre élément crucial est la fixation d'objectifs financiers réalistes. Il est essentiel de calculer avec précision les dépenses liées à votre projet, y compris les logiciels, le matériel, l'acquisition de données et les frais de subsistance personnels pendant la période de création. Une surestimation peut décourager les bailleurs de fonds potentiels, tandis qu'une sous-estimation peut vous priver des ressources nécessaires pour mener à bien votre projet.

La transparence est essentielle pour maintenir la confiance avec vos bailleurs de fonds. Des mises à jour régulières sur vos progrès, associées à un dialogue ouvert sur les difficultés ou les retards, peuvent favoriser l'émergence d'une communauté de soutien autour de votre travail. Le crowdfunding n'est pas seulement une question d'argent ; il s'agit de construire un réseau de défenseurs qui croient en votre vision.

En plus de s'adresser directement aux bailleurs de fonds potentiels, envisagez des systèmes de récompenses à plusieurs niveaux pour encourager les dons plus importants. Offrir des œuvres d'art exclusives, du contenu en coulisses ou un accès anticipé aux œuvres finies peut stimuler des niveaux plus élevés de soutien financier. D'autre part, le parrainage consiste à nouer des relations avec des entreprises, des organisations ou des personnes influentes qui sont prêtes à soutenir financièrement vos projets d'art de l'IA. Cette méthode permet souvent d'obtenir un financement plus important que le crowdfunding, mais elle peut s'accompagner d'attentes ou de conditions spécifiques concernant l'utilisation des fonds et l'orientation de votre travail.

Pour attirer les sponsors, vous devez présenter un dossier convaincant sur les avantages mutuels du partenariat. Expliquez comment leur soutien peut améliorer à la fois votre projet et leur image de marque. La démonstration d'un retour potentiel sur investissement, que ce soit par l'exposition de la marque, l'innovation technologique ou l'engagement communautaire, peut être un argument de vente important.

Votre profil professionnel et vos réalisations antérieures jouent un rôle crucial dans l'attraction des sponsors. Constituez un portfolio présentant vos meilleurs travaux, y compris les projets antérieurs, les expositions, les publications et toute couverture médiatique qui met en évidence votre expertise et vos réalisations dans le domaine de l'art génératif de l'IA. Une proposition bien conçue devrait accompagner ce portfolio, détaillant votre plan de projet, vos délais et votre budget. Participez à des événements industriels, des expositions d'art et des conférences techniques où vous pourrez rencontrer des représentants d'organisations intéressées par l'intersection de l'art et de la technologie. Les événements de réseautage formels comme les conversations informelles peuvent déboucher sur des contacts précieux.

L'établissement de relations durables avec les sponsors exige une communication claire et de l'intégrité. Informez-les régulièrement de l'avancement du projet, faites-leur part de vos réussites et de vos difficultés, et reconnaissez publiquement leur contribution chaque fois que cela est nécessaire. Ces pratiques contribuent à renforcer la confiance et ouvrent la voie à de futures collaborations.

Ne négligez pas la possibilité de combiner crowdfunding et parrainage. Le lancement d'une campagne de crowdfunding réussie peut démontrer aux sponsors potentiels l'intérêt du public et le soutien financier initial de votre projet. C'est comme une preuve de concept ; si vous pouvez montrer qu'une communauté est investie dans votre travail, les sponsors pourraient être plus enclins à apporter des ressources substantielles.

Il y a aussi la tendance croissante des organisations autonomes décentralisées (DAO) dans le monde de l'art. Ces entités mettent en commun les ressources de plusieurs membres pour soutenir des projets créatifs sur la base d'une prise de décision collective. En explorant cette voie, vous pourriez bénéficier d'un soutien communautaire supplémentaire pour votre travail.

Tout en recherchant le crowdfunding et le parrainage, soyez prêt à essuyer des refus et des échecs potentiels. Toutes les propositions n'aboutiront pas et toutes les campagnes n'atteindront pas leur objectif. Considérez ces expériences comme des opportunités d'apprentissage. Analysez ce qui a fonctionné et ce qui n'a pas fonctionné, ajustez votre approche et réessayez. La persistance et la résilience sont des qualités essentielles pour tout artiste qui s'aventure dans le domaine de l'IA générative.

N'oubliez pas que les stratégies qui fonctionnent le mieux dépendent souvent des spécificités de votre projet et de votre public. Restez flexible, continuez à affiner votre approche et restez ouvert à de nouvelles opportunités. Que ce soit par le biais du crowdfunding ou du parrainage, l'obtention de fonds pour vos projets d'art de l'IA consiste à entrer en contact avec les bonnes personnes qui partagent votre enthousiasme et votre vision.

En résumé, le crowdfunding et le parrainage offrent des voies uniques et viables pour monétiser votre art de l'IA, chacune avec son propre ensemble d'avantages et de défis. En maîtrisant les deux, vous pouvez améliorer votre stabilité financière, élargir votre public et continuer à repousser les limites de la créativité numérique.

Chapitre 21 :
Tendances futures de l'IA générative

L e paysage de l'IA générative est plein de promesses, prêt à se transformer dans de nombreux domaines. Les technologies émergentes telles que l'informatique quantique, l'IA de pointe et les architectures de réseaux neuronaux avancés repoussent les limites du possible. Nous sommes sur le point de créer des systèmes d'IA capables de générer des œuvres d'art hyperréalistes, de simuler des environnements complexes avec une précision étonnante et même de co-créer avec les humains. En prédisant les innovations futures, nous pouvons nous attendre à une intégration plus poussée de l'IA générative dans les outils de tous les jours, rendant la créativité accessible à tous. Ce changement sismique laisse entrevoir non seulement l'évolution de la technologie de l'IA, mais aussi une redéfinition des pratiques artistiques et créatives elles-mêmes.

Technologies émergentes

Dans le paysage en constante évolution de l'IA générative, les technologies émergentes redéfinissent constamment ce qui est possible, stimulent l'innovation et repoussent les limites de la créativité. Au fur et à mesure que ces technologies se développent, elles offrent de nouveaux outils et cadres qui permettent aux novices comme aux experts d'explorer des territoires inexplorés. Cette section présente certaines des principales technologies émergentes, en soulignant leur potentiel à révolutionner le domaine de l'IA générative.

L'une des frontières les plus excitantes de l'IA générative est l'avènement des modèles de transformateurs. Ces modèles, tels que GPT-3 et BERT, ont démontré une capacité remarquable à comprendre et à générer des textes de type humain. Contrairement aux réseaux neuronaux traditionnels, les transformateurs utilisent des mécanismes d'auto-attention qui leur permettent d'évaluer l'importance des différents mots d'une phrase, améliorant ainsi la compréhension et la génération. Cette avancée technologique a de profondes implications pour les applications de traitement du langage naturel (NLP), des chatbots à l'écriture créative. Les chercheurs explorent activement leurs capacités à générer de l'art visuel et de la musique. Par exemple, en entraînant les transformateurs sur des images, nous pouvons produire des œuvres d'art très détaillées et pertinentes sur le plan contextuel. Dans le domaine de la musique, ces modèles peuvent composer des morceaux originaux qui reproduisent différents styles ou même créer des genres entièrement nouveaux. La polyvalence des modèles de transformateurs en fait un élément central du futur paysage de l'IA générative.

Une autre technologie émergente qui mérite l'attention est le rendu neuronal. Cette technique s'appuie sur des réseaux neuronaux pour générer des images réalistes à partir de modèles 3D ou même de descriptions textuelles. Imaginez que vous décriviez un paysage fantastique et qu'un réseau neuronal en crée une image photoréaliste. Le rendu neuronal est sur le point de transformer des secteurs tels que la conception de jeux vidéo, la réalité virtuelle (VR) et la réalité augmentée (AR), en permettant la création d'expériences plus immersives et interactives.

De nouvelles avancées dans le domaine des VAE (autoencodeurs variationnels) repoussent également les limites de ce qui peut être réalisé avec l'IA générative. Traditionnellement utilisés pour des tâches telles que la génération d'images et la compression de données, les VAE sont améliorés grâce à de nouvelles techniques telles que l'apprentissage de représentations hiérarchiques et démêlées. Ces améliorations permettent un meilleur contrôle et une plus grande spécificité des résultats générés, ce qui fait des VAE un outil inestimable pour les artistes et les concepteurs qui ont besoin d'un haut degré de personnalisation dans leur travail.

Les modèles basés sur les flux constituent un autre domaine d'innovation. Ces modèles offrent une approche différente de la génération de données en apprenant une transformation inversible entre une distribution simple et la distribution des données cibles. Cette propriété permet un échantillonnage exact et une estimation de la vraisemblance, ce qui rend les modèles basés sur les flux très efficaces et flexibles. Les applications des modèles basés sur le flux s'étendent à des domaines tels que la synthèse d'images en temps réel et la détection d'anomalies, ce qui élargit leur utilité et leur attrait.

Dans le domaine du matériel, on observe également des avancées significatives. L'informatique quantique, bien qu'elle en soit encore à ses débuts, est extrêmement prometteuse pour l'avenir de l'IA générative. Les ordinateurs quantiques exploitent les principes de la mécanique quantique pour effectuer des calculs complexes à des vitesses sans précédent. À mesure que le matériel quantique devient plus accessible, il pourrait conduire à des percées dans l'optimisation des modèles génératifs, en résolvant des problèmes qui sont actuellement insolubles avec les ordinateurs classiques.

L'informatique de pointe est un autre développement lié au matériel à surveiller. En effectuant le traitement des données à la périphérie du réseau, plus près de la source des données, l'informatique de périphérie réduit la latence et l'utilisation de la bande passante. Cela peut être particulièrement bénéfique pour les applications d'IA générative en temps réel, telles que les installations interactives ou les outils artistiques d'IA mobile, où des temps de réponse rapides sont cruciaux.

En termes de logiciels, de nouveaux cadres et bibliothèques sont continuellement développés pour rendre l'IA générative plus accessible. Des plateformes comme TensorFlow, PyTorch et de nouveaux venus comme JAX fournissent des outils puissants pour construire et déployer des modèles génératifs. Ces cadres intègrent de plus en plus de fonctionnalités qui simplifient la formation et la personnalisation des modèles, abaissant la barrière à l'entrée pour les débutants et permettant aux praticiens plus chevronnés d'expérimenter plus librement.

La technologie blockchain fait également des incursions dans l'IA générative, en particulier dans le domaine de l'art et de la protection de la propriété intellectuelle. En créant un grand livre décentralisé des actifs numériques, la blockchain peut garantir l'authenticité et la propriété de l'art généré par l'IA. Cet aspect est crucial à une époque où l'art numérique est facilement reproductible, car il garantit que les créateurs sont équitablement rémunérés et que leurs œuvres sont protégées contre toute utilisation non autorisée.

En outre, l'intégration de l'IA générative à d'autres technologies émergentes telles que l'IdO (Internet des objets) ouvre de nouvelles possibilités. Par exemple, les appareils IoT dotés de capacités d'IA générative peuvent créer de manière autonome du contenu sur mesure, qu'il s'agisse de listes de lecture musicales personnalisées ou d'affichages visuels personnalisés, améliorant ainsi l'expérience de l'utilisateur dans les maisons intelligentes, les voitures et d'autres environnements.

Les réseaux adversaires génératifs (GAN) continuent eux aussi d'être un foyer d'innovation. Les chercheurs découvrent sans cesse de nouvelles architectures et techniques de formation pour améliorer les performances et la stabilité des GAN. Parmi les développements récents, on peut citer les techniques permettant de traiter l'effondrement des modes et d'améliorer la qualité des images générées. Ces innovations rendent les GAN plus fiables et plus efficaces pour un plus large éventail d'applications, de la création d'avatars réalistes à la génération de textures à haute résolution pour les environnements virtuels.

L'IA éthique est un autre domaine en plein essor. À mesure que l'IA générative devient plus sophistiquée, les questions d'éthique et d'utilisation responsable occupent le devant de la scène. Des technologies émergentes sont développées pour garantir que les systèmes d'IA sont équitables, transparents et responsables. Des techniques telles que l'IA explicable (XAI) sont conçues pour rendre les processus décisionnels des modèles d'IA plus compréhensibles pour les humains, contribuant ainsi à un déploiement plus éthique de l'IA générative.

Enfin, les plateformes d'IA collaborative gagnent du terrain. Ces plateformes permettent à plusieurs systèmes d'IA de travailler ensemble, en apprenant les uns des autres et en mettant en commun leurs ressources pour s'attaquer à des tâches complexes. Par exemple, une plateforme collaborative peut intégrer des capacités de génération de texte, d'image et de musique pour produire des installations artistiques multimodales qui ne pourraient pas être créées par un seul système. Cette approche collaborative renforce non seulement le potentiel créatif de l'IA, mais favorise également l'innovation interdisciplinaire.

Le paysage de l'IA générative regorge de possibilités, grâce à ces technologies et à d'autres technologies émergentes. À mesure que ces progrès se poursuivent, le domaine de l'IA créative deviendra de plus en plus riche et diversifié, offrant des possibilités infinies de découverte et d'innovation. Se tenir au courant de ces développements permettra aux passionnés comme aux professionnels de repousser les limites du possible et d'explorer de nouvelles frontières en matière de créativité et de technologie.

En résumé, l'évolution de l'IA générative est marquée par des avancées rapides sur de multiples fronts. Les modèles transformateurs, le rendu neuronal, les VAE améliorées, les modèles basés sur les flux, l'informatique quantique et de pointe, les nouveaux cadres logiciels, la blockchain, l'intégration de l'IoT, les GAN améliorés, l'IA éthique et les plateformes d'IA collaborative ne sont que quelques-unes des technologies émergentes qui façonnent ce domaine dynamique.

Ces innovations ne redéfinissent pas seulement les capacités de l'IA générative, mais étendent également son applicabilité dans divers domaines. Que vous soyez un débutant explorant les bases ou un créateur expérimenté repoussant les limites de son art, l'avenir de l'IA générative présente un paysage passionnant débordant de potentiel.

Les plates-formes d'IA générative ne sont que quelques-unes des technologies émergentes qui façonnent ce domaine dynamique.

Prédire les innovations futures

Le paysage de l'IA générative évolue rapidement, offrant un aperçu des futurs proches et lointains débordant de potentiel. Alors que les modèles génératifs continuent de progresser, de nouvelles applications et innovations se profilent continuellement à l'horizon. Cette section se penche sur les multiples façons dont l'IA générative pourrait transformer la société, la créativité et la technologie dans les années à venir. Que pourrait réserver l'avenir à ce domaine dynamique ?

Une tendance majeure est l'intégration de l'IA générative dans les outils et les applications de tous les jours. Imaginez un monde où l'IA générative s'intègre de manière transparente à nos interactions numériques quotidiennes. Imaginez des assistants personnels intelligents qui ne se contentent pas de répondre à vos besoins, mais les anticipent en générant un contenu personnalisé, qu'il s'agisse de musique, d'œuvres d'art ou même d'articles d'actualité sur mesure. Ces systèmes pourraient offrir une personnalisation inégalée, rendant nos expériences numériques plus riches et plus significatives.

Les progrès de la puissance de calcul, en particulier grâce à l'informatique quantique, sont sur le point d'accroître de manière exponentielle les capacités des modèles génératifs. Nous sommes sur le point de réaliser des percées en matière d'encodage, de simulation et d'optimisation qui pourraient catapulter le contenu généré par l'IA à des niveaux de complexité et de réalisme dont nous n'avons fait que rêver. Imaginez le rendu quasi instantané de mondes virtuels hyperréalistes ou la création de nouveaux produits pharmaceutiques avec une précision sans précédent. Il ne s'agit pas seulement de science-fiction, mais d'une réalité future potentielle qui se rapproche à chaque avancée technologique.

La synergie interdisciplinaire est un autre terrain fertile pour l'innovation. La fusion de domaines tels que les neurosciences et l'IA peut conduire à des modèles qui non seulement imitent la créativité humaine, mais comprennent et reproduisent également les nuances de la cognition humaine. Imaginez une IA générative qui "pense" comme un humain, créant des œuvres d'art et résolvant des problèmes avec le flair intuitif qui caractérise l'intelligence humaine. De telles avancées ont de profondes implications, qu'il s'agisse de révolutionner les activités créatives ou de relever des défis scientifiques complexes.

Dans le domaine de la réalité virtuelle et augmentée, l'IA générative jouera un rôle crucial dans la création d'expériences plus immersives. La capacité à générer des environnements adaptatifs en temps réel signifie que les utilisateurs pourraient explorer des paysages uniques à l'infini, chacun dynamiquement conçu en fonction de leurs préférences et de leurs actions. Cela pourrait révolutionner les jeux, l'éducation et même le travail à distance, en offrant des expériences adaptées et mises à jour en permanence par des algorithmes d'IA sophistiqués.

L'IA générative est également susceptible de modifier les notions traditionnelles de paternité et d'originalité. Les projets de collaboration entre les humains et l'IA pourraient devenir la nouvelle norme, remettant en question les idées établies sur ce que signifie être un créateur. Ce paradigme émergent invite à repenser les lois sur la propriété intellectuelle et les considérations éthiques, devenant à la fois un catalyseur pour de nouveaux cadres juridiques et un point de discussion pour les aspects philosophiques de la création et de la propriété.

Au niveau sociétal, l'accessibilité des outils d'IA générative est susceptible de démocratiser la créativité, en ouvrant des possibilités de création artistique et de contenu à des individus qui n'auraient peut-être pas eu l'occasion de le faire auparavant. Imaginez un monde où tout le monde peut devenir artiste ou musicien avec l'aide d'outils d'IA générative intuitifs. Cela pourrait conduire à un épanouissement de la créativité, où des voix diverses contribueraient à des paysages culturels et artistiques enrichis par une multitude de perspectives.

Une autre voie prometteuse se trouve dans le domaine médical. Les modèles d'IA générative peuvent être utilisés pour simuler des systèmes biologiques complexes et générer de nouvelles hypothèses pour le traitement des maladies. Par exemple, la conception générative peut aider à créer des prothèses optimisées adaptées aux besoins individuels ou à élaborer des plans de traitement personnalisés qui évoluent en fonction des progrès d'un patient. Les applications vont au-delà du traitement et s'étendent au diagnostic, où les simulations générées par l'IA peuvent prédire les épidémies ou modéliser la propagation des maladies infectieuses selon divers scénarios. En modélisant et en optimisant les systèmes d'énergie renouvelable, les conceptions générées par l'IA peuvent conduire à des solutions énergétiques plus efficaces et plus durables. Imaginez la planification urbaine assistée par des modèles génératifs capables de simuler et d'optimiser des villes entières afin de minimiser les déchets et la consommation d'énergie, ce qui conduirait à des environnements de vie plus durables.

En ce qui concerne les domaines artistiques, la fusion de l'IA avec les formes d'art traditionnelles promet de donner lieu à des créations hybrides sans précédent. L'IA générative peut s'associer aux artistes non seulement en tant qu'outil, mais aussi en tant que véritable collaborateur, offrant de nouvelles techniques et inspirations. Cette synergie peut donner naissance à des genres artistiques entièrement nouveaux qui ne sont pas limités par les frontières humaines, mais qui sont profondément enrichis par la créativité humaine. De la musique à la littérature en passant par les arts visuels et les arts du spectacle, l'avenir de l'expression créative risque d'être radicalement transformé.

Le paysage éducatif est un autre domaine prêt à être transformé. Imaginez des systèmes d'IA génératifs capables de créer des supports d'apprentissage personnalisés, adaptés au style et au rythme d'apprentissage de chaque élève. Ces tuteurs IA pourraient offrir un retour d'information personnalisé et générer des scénarios d'apprentissage adaptatifs, rendant l'éducation à la fois plus efficace et plus attrayante. Cela pourrait permettre de combler les lacunes en matière d'éducation, en offrant des expériences d'apprentissage personnalisées et de grande qualité aux étudiants, indépendamment de leur statut socio-économique ou de leur situation géographique.

En outre, à mesure que l'IA continue de s'infiltrer dans divers secteurs, la demande de nouvelles compétences et de nouveaux rôles émergera. Des domaines tels que l'éthique de l'IA, la conception assistée par l'IA et la gestion des systèmes d'IA deviendront cruciaux. Les établissements d'enseignement devront peut-être s'adapter, en proposant des cours et des programmes qui préparent les étudiants à des carrières dans un monde où l'IA générative est incontournable.

Cela pourrait déboucher sur une main-d'œuvre douée à la fois de créativité et de prouesses techniques, prête à exploiter tout le potentiel de l'IA générative.

Une autre orientation fascinante concerne le concept d'hyperpersonnalisation des produits et des services induite par l'IA. Des vêtements sur mesure conçus à l'aide de modèles génératifs aux itinéraires de voyage personnalisés qui évoluent en fonction des préférences et des comportements en temps réel, les possibilités sont illimitées. Les entreprises pourraient offrir des niveaux de personnalisation sans précédent, en créant des produits qui non seulement répondent aux besoins des utilisateurs, mais les anticipent de manière innovante.

Dans la sphère du divertissement, l'IA générative pourrait donner naissance à des genres de films et de jeux vidéo entièrement nouveaux. Pensez à des récits interactifs où l'intrigue évolue en fonction des préférences et des choix du spectateur, créant ainsi des intrigues uniques pour chaque utilisateur. Cela pourrait redéfinir la façon dont nous consommons les médias, en passant d'une consommation passive à une participation active.

L'infrastructure publique et le développement urbain ont également tout à gagner de l'IA générative. Des villes plus intelligentes dotées de systèmes de circulation générés par l'IA pourraient atténuer les embouteillages et améliorer la qualité de vie. De la création de systèmes de gestion des déchets qui optimisent le recyclage à la conception d'espaces verts qui favorisent le bien-être de la communauté, l'application de l'IA à l'urbanisme est vouée à créer des environnements urbains plus vivables, plus efficaces et plus durables.

Cependant, ces avancées ne sont pas sans poser de problèmes. Les considérations éthiques du contenu généré par l'IA, le potentiel d'utilisation abusive et la nécessité de cadres de gouvernance solides sont des questions qui requièrent une attention sérieuse. Le développement et le déploiement responsables de l'IA générative seront essentiels pour en exploiter tout le potentiel tout en atténuant les risques.

En résumé, l'avenir de l'IA générative recèle un potentiel de transformation dans divers domaines. En s'intégrant de manière transparente à nos outils et à notre vie quotidienne, en améliorant la créativité, en résolvant des problèmes scientifiques complexes et en favorisant la durabilité, l'IA générative est prête à redéfinir les limites du possible. Bien que des défis subsistent, la promesse de l'IA générative réside dans sa capacité à innover, à inspirer et à améliorer l'expérience humaine d'une manière que nous commençons à peine à imaginer.

Chapitre 22 :
Résolution des problèmes courants

À mesure que vous approfondissez vos connaissances de l'IA générative, il est inévitable de rencontrer des obstacles, mais chaque défi vous rapproche de la maîtrise. Le dépannage implique une combinaison de résolution méthodique des problèmes et de réflexion créative pour résoudre des problèmes tels que des erreurs inattendues, des performances de modèle et des divergences de données. Commencez par identifier l'origine du problème, qu'il soit lié au codage, aux données ou à l'architecture du modèle. Testez systématiquement les différents composants, vérifiez les erreurs courantes telles que les problèmes de formatage des données ou les incohérences algorithmiques, et revoyez les paramètres et les réglages de votre modèle. Il est tout aussi important de faire appel à la communauté pour obtenir de l'aide ; les forums et les groupes en ligne peuvent offrir des perspectives et des solutions que vous n'auriez peut-être pas envisagées. En fin de compte, la persévérance et une approche proactive de l'apprentissage à partir de chaque revers amélioreront à la fois vos compétences et vos projets.

Gérer les erreurs

Lorsque vous vous plongez dans le monde captivant de l'IA générative, vous rencontrez forcément quelques frustrations en cours de route. À un moment donné, votre modèle produit des œuvres d'art impressionnantes et, l'instant d'après, vous vous grattez la tête à cause d'erreurs inattendues. Comprendre et traiter ces erreurs est essentiel pour votre croissance et la qualité de vos résultats.

Les erreurs peuvent aller de simples bogues dans votre code à des problèmes plus complexes tels que des problèmes de convergence du modèle. La première étape du traitement d'une erreur consiste à en identifier la nature. Le problème est-il lié au code, aux données ou au modèle lui-même ? Réduire les catégories peut vous faire gagner beaucoup de temps et d'efforts.

Les erreurs de code sont souvent les plus faciles à résoudre, mais les plus difficiles à repérer. Les erreurs de syntaxe, les bibliothèques manquantes ou les configurations incorrectes peuvent toutes conduire à ce que votre modèle ne s'exécute pas comme prévu. Les outils et techniques de débogage de base, tels que les instructions d'impression, le débogage dans votre environnement de développement intégré (IDE) ou même un simple examen du code, peuvent vous aider à détecter ces erreurs. Un élément négligé, tel qu'une parenthèse mal placée ou une faute de frappe dans le nom d'une variable, peut faire toute la différence.

Les **Erreurs de données** sont encore plus contrariantes. La qualité des données que vous introduisez dans votre modèle joue un rôle essentiel dans le résultat. Les valeurs manquantes, les formats de données incohérents ou le manque de données peuvent avoir un impact significatif sur les performances de votre modèle. Il est essentiel de nettoyer et de prétraiter rigoureusement vos données. Recherchez les anomalies, supprimez les doublons et assurez-vous que vos données sont correctement étiquetées. Des outils tels que pandas en Python peuvent s'avérer très utiles pour ces tâches.

Lorsque vous traitez des *Erreurs de données*, envisagez d'augmenter votre ensemble de données avec des données synthétiques s'il est trop petit. Les techniques d'augmentation des données peuvent inclure l'ajout de légères variations, telles que la rotation ou la mise à l'échelle des images, afin de générer davantage d'exemples de formation. Cette approche permet souvent d'améliorer la capacité du modèle à mieux se généraliser et à atténuer le surajustement.

À l'extrémité la plus avancée du spectre se trouvent les **Erreurs de modèle**. Celles-ci se produisent lorsque quelque chose ne va pas dans la façon dont votre modèle génératif apprend des données. Les erreurs de modèle peuvent se manifester sous la forme d'une convergence médiocre, lorsque votre modèle ne s'améliore pas au fil des époques, ou d'un effondrement de mode dans les GAN, lorsque le générateur produit la même sortie avec différentes entrées. L'ajustement des hyperparamètres tels que le taux d'apprentissage, la taille du lot ou l'essai de différentes architectures peut parfois résoudre ces problèmes. Les techniques de régularisation telles que le dropout ou le weight decay peuvent également contribuer à améliorer la stabilité du modèle.

Il est essentiel de garder un œil sur vos fonctions de perte et vos mesures de précision. Si vous observez une perte de formation décroissante mais une perte de validation stagnante ou croissante, vous êtes probablement en présence d'un surajustement. À l'inverse, si les pertes d'apprentissage et de validation ne diminuent pas, votre modèle est peut-être trop simpliste pour la tâche en question.

Les erreurs ne sont pas de simples obstacles ; ce sont des opportunités d'apprentissage. Prenons l'exemple d'un GAN qui génère continuellement des images floues. Il ne s'agit pas seulement d'un échec, mais d'un signal indiquant qu'un élément du processus de formation doit être ajusté. Réfléchissez aux causes possibles : le discriminateur est-il trop puissant par rapport au générateur ? Une modification de l'architecture ou l'adoption de techniques telles que le lissage unilatéral des étiquettes peuvent peut-être atténuer le problème.

Dans certains cas, des erreurs peuvent survenir en raison de **problèmes de bibliothèque et d'environnement**. Les conflits de dépendances, les versions obsolètes ou même les variations du système d'exploitation peuvent entraîner un comportement inattendu. L'utilisation d'environnements virtuels ou de conteneurs comme Docker peut aider à gérer ces dépendances plus efficacement, garantissant que votre environnement de développement est à la fois cohérent et reproductible.

Le soutien de la communauté peut être une mine d'or lorsqu'il s'agit de traiter des erreurs. Que ce soit par le biais de forums, de groupes de médias sociaux ou même d'articles universitaires, quelqu'un d'autre a probablement rencontré et résolu un problème similaire. Les plateformes en ligne telles que Stack Overflow, GitHub ou les communautés dédiées à l'IA et à l'apprentissage automatique peuvent offrir des informations inestimables. N'hésitez pas à poser des questions et à partager vos expériences ; la nature collaborative de ces communautés favorise souvent de meilleures solutions.

La documentation de vos stratégies de traitement des erreurs est tout aussi importante. La tenue d'un registre des problèmes rencontrés et des solutions trouvées peut servir de référence utile pour les projets futurs. Cette pratique permet non seulement de gagner du temps, mais aussi de relever des défis de plus en plus complexes en toute confiance.

Enfin, n'oubliez pas que la gestion des erreurs fait partie du processus créatif de l'IA générative. C'est un voyage de la frustration à la découverte. Chaque erreur résolue vous rapproche un peu plus de l'affinement de votre modèle et de l'obtention de résultats stupéfiants. Considérez ces défis comme des occasions d'approfondir votre compréhension et d'innover davantage. Avec de la persévérance et une approche méthodique, vous découvrirez que le fait de surmonter les erreurs non seulement améliore vos compétences techniques, mais ajoute également à la richesse de vos efforts créatifs.

Il n'y a pas d'autre solution que d'essayer de résoudre les erreurs.

Bonnes pratiques

Lorsque l'on s'aventure dans le domaine de l'IA générative, il faut sans aucun doute s'attendre à une période d'essais et d'erreurs. Pour surmonter ces défis inévitables de manière efficace et efficiente, l'adhésion à certaines meilleures pratiques peut faire une différence monumentale. Qu'il s'agisse de comprendre les pièges les plus courants ou de tirer parti de stratégies de débogage avancées, ces pratiques peuvent augmenter considérablement les chances de réussite tout en réduisant les frustrations. Voyons donc ce que signifie aborder le dépannage avec le bon état d'esprit et les bonnes techniques.

D'abord et avant tout, il est essentiel de *comprendre l'importance de la documentation*. Conserver des journaux détaillés de votre travail, y compris les ensembles de données que vous avez utilisés, les hyperparamètres de vos modèles et toutes les transformations appliquées, peut vous faire gagner un nombre incalculable d'heures par la suite. La documentation vous permet non seulement de retracer vos étapes, mais aussi d'identifier les erreurs éventuelles. Cette pratique devient extrêmement utile dans les environnements collaboratifs où les autres membres de l'équipe peuvent avoir besoin de comprendre votre processus.

Une autre pierre angulaire d'un dépannage efficace est **l'expérimentation et l'itération systématiques**. Plutôt que d'effectuer plusieurs changements à la fois, réglez un paramètre à la fois et observez les résultats. Cette approche contrôlée permet d'identifier plus facilement les sources des problèmes. Par exemple, si la qualité des images générées par un GAN chute après une modification spécifique, il devient beaucoup plus simple de revenir en arrière lorsque vous disposez d'un enregistrement clair des ajustements d'un seul paramètre.

En parallèle, il est crucial d'utiliser des mesures d'évaluation robustes. Évaluez vos modèles à l'aide de plusieurs mesures afin d'obtenir une compréhension globale de leurs performances. Par exemple, alors qu'une inspection visuelle des images générées peut donner un aperçu, l'utilisation de mesures telles que la distance d'interception de Fréchet (FID) ou la précision et le rappel peut apporter un soutien quantitatif à vos évaluations subjectives. Pour la génération de texte, les scores BLEU ou la perplexité peuvent être des mesures plus appropriées pour évaluer la qualité.

N'ignorez pas la valeur de la contribution de la communauté et de l'examen par les pairs. Les forums en ligne, dédiés à l'IA et à l'apprentissage automatique, tels que GitHub, Stack Overflow, ou les subreddits spécialisés, peuvent être des ressources inestimables pour le dépannage. La participation à ces communautés permet non seulement de résoudre les problèmes immédiats, mais favorise également l'apprentissage grâce au partage d'expériences et de conseils.

Pour aller de l'avant, utilisez des **outils de visualisation complets**. Des outils tels que TensorBoard, Matplotlib et seaborn peuvent aider à visualiser les courbes de perte, les mesures de précision et d'autres aspects critiques des performances du modèle. La visualisation permet d'identifier rapidement les anomalies telles que les gradients qui s'évanouissent ou qui explosent, ce qui n'est pas forcément évident avec des chiffres bruts uniquement.

Ne sous-estimez pas la puissance des **meilleures pratiques documentées** spécifiques aux outils et aux bibliothèques que vous utilisez. Les bibliothèques telles que TensorFlow, PyTorch et d'autres sont souvent accompagnées d'une documentation complète qui inclut les pièges les plus courants et les pratiques recommandées. Prendre le temps de lire ces documents peut permettre d'éviter de nombreux problèmes. En outre, bon nombre de ces plateformes offrent une assistance communautaire et des forums où les problèmes fréquents et leurs solutions sont discutés en détail.

Une partie importante du dépannage implique une *gestion efficace des données*. Il est primordial de s'assurer que vos données sont propres et correctement étiquetées. Les incohérences dans votre ensemble de données peuvent entraîner des sorties de modèle trompeuses et des problèmes plus difficiles à diagnostiquer. Employez des techniques telles que l'augmentation des données, la normalisation et les séparations de validation pour maintenir des données de haute qualité. Les outils d'automatisation des pipelines de données peuvent également rationaliser ce processus, le rendant plus fiable et moins sujet à l'erreur humaine.

Envisagez de mettre en œuvre des **systèmes de contrôle de version** pour vos modèles et vos ensembles de données. Des outils tels que Git permettent de suivre les différentes itérations de vos modèles, ce qui facilite le retour à un état antérieur si une nouvelle modification ne donne pas les résultats escomptés. Les systèmes de contrôle des versions aident à maintenir la cohérence et l'homogénéité à différents stades de votre projet, en particulier lorsqu'il s'agit de collaborations d'équipe et de projets à long terme.

En outre, la pratique de la **formation incrémentale** ne doit pas être négligée. Plutôt que de former vos modèles à partir de zéro à chaque fois, envisagez des approches d'apprentissage incrémentiel dans lesquelles le modèle est continuellement formé et affiné au cours des itérations précédentes. Cette méthode permet non seulement d'accélérer les temps de formation, mais aussi d'exploiter les caractéristiques apprises précédemment, améliorant ainsi les performances et la stabilité du modèle.

En outre, adoptez la pratique de la *mise à jour régulière de vos bibliothèques et frameworks*. L'apprentissage automatique est un domaine qui évolue rapidement, et le fait de maintenir vos outils à jour peut vous aider à tirer parti des dernières fonctionnalités et optimisations. Cependant, testez toujours vos modèles de manière approfondie lorsque vous migrez vers de nouvelles versions afin de garantir la compatibilité et des performances constantes.

Enfin, il est essentiel de cultiver un état d'esprit d'**apprentissage et d'adaptation continus**. Le domaine de l'IA générative évolue à un rythme effréné, avec de nouveaux articles de recherche, de nouvelles techniques et de nouveaux outils développés en permanence. En vous tenant au courant des dernières avancées par le biais de revues universitaires, de conférences et de cours en ligne, vous pourrez découvrir de nouvelles perspectives et des solutions innovantes à des problèmes courants.

En résumé, un dépannage efficace dans le domaine de l'IA générative implique un mélange de documentation méticuleuse, d'expérimentation systématique, d'évaluation solide, de collaboration avec la communauté, de visualisation complète et d'apprentissage continu. En adhérant à ces meilleures pratiques, vous pouvez naviguer dans le paysage complexe de l'IA générative avec plus de confiance et moins de frustration, ouvrant ainsi la voie à des projets plus innovants et plus percutants.

Chapitre 23 :
Personnaliser les modèles
pour un art personnalisé

Personnaliser les modèles pour un art personnalisé consiste à adapter les algorithmes d'IA pour qu'ils reflètent votre vision et votre style uniques, en transformant un outil générique en un assistant spécialisé qui résonne avec votre voix artistique. Il ne s'agit pas simplement d'ajuster quelques paramètres, mais de comprendre les subtilités du modèle choisi, des structures des réseaux neuronaux aux ensembles de données d'apprentissage, et d'apporter des modifications calculées qui peuvent changer radicalement le résultat. En affinant des paramètres tels que le taux d'apprentissage, les hyperparamètres et les couches, les artistes peuvent guider l'IA pour qu'elle mette l'accent sur certaines couleurs, certains motifs ou certaines textures qui sont au cœur de leur identité créative. En outre, les techniques de personnalisation telles que l'apprentissage par transfert, où un modèle pré-entraîné est affiné avec votre propre ensemble de données, permettent l'infusion d'une esthétique et de thèmes personnels. Ce chapitre est une passerelle vers un tout nouveau domaine d'expression créative, où l'interaction entre l'intuition humaine et le calcul automatique donne naissance à des œuvres d'art à la fois sophistiquées sur le plan technologique et profondément personnelles.

Cette section est consacrée à la création artistique.

Réglage des paramètres

Lors de la personnalisation des modèles d'IA générative pour l'art personnalisé, le réglage des paramètres est une étape cruciale qui peut avoir un impact significatif sur les performances du modèle et le caractère unique de l'œuvre d'art produite. Le réglage des paramètres, également connu sous le nom d'hyperparamètres, consiste à ajuster divers paramètres au sein du modèle afin d'optimiser son comportement en fonction de votre vision artistique. Ce processus peut être à la fois un art et une science, nécessitant un équilibre entre l'expérimentation empirique et la créativité intuitive.

Le processus commence par la compréhension des éléments de base sur lesquels vous avez le contrôle. Il s'agit notamment du taux d'apprentissage, de la taille du lot, des époques et d'autres variables spécifiques à l'architecture, telles que les couches et les nœuds dans les réseaux neuronaux. Le taux d'apprentissage détermine la vitesse à laquelle le modèle apprend des données pendant la formation. Un taux d'apprentissage élevé peut conduire à une formation plus rapide, mais risque de dépasser la solution optimale, tandis qu'un taux plus faible garantit des ajustements plus précis au prix d'un temps de formation prolongé.

De même, la taille du lot fait référence au nombre d'échantillons de données sur lesquels le modèle s'entraîne avant de mettre à jour ses paramètres internes. Le choix d'une grande taille de lot peut accélérer la formation, mais peut conduire à des résultats moins généralisables. En revanche, une taille de lot plus petite permet de capturer des modèles plus subtils dans les données, améliorant ainsi la capacité du modèle à produire des œuvres d'art plus détaillées et plus complexes. Un autre paramètre essentiel est le nombre d'époques, c'est-à-dire le nombre de fois que le modèle voit l'ensemble des données pendant la formation. Un plus grand nombre d'époques permet au modèle d'apprendre mieux et d'affiner sa capacité à générer de l'art, mais présente le risque de surajustement, c'est-à-dire que le modèle donne de bons résultats sur les données d'apprentissage, mais de mauvais résultats sur les nouvelles données non vues. Pour contrer le surajustement, des techniques telles que l'abandon (omission aléatoire de certains nœuds pendant la formation) et la régularisation L2 (ajout d'une pénalité pour les poids importants) jouent un rôle essentiel dans cet exercice d'équilibrage.

Les différents modèles offrent également des paramètres spécialisés. Par exemple, lorsqu'on utilise des GAN (Generative Adversarial Networks), il faut régler avec soin l'équilibre entre les composantes du générateur et du discriminateur. Il s'agit d'ajuster la vitesse à laquelle ces deux réseaux se font concurrence pendant l'apprentissage. Si le discriminateur devient trop fort, le générateur peine à produire des échantillons convaincants. Inversement, un discriminateur faible ne peut pas défier le générateur de manière adéquate, ce qui conduit à des créations médiocres.

Dans les VAE (autoencodeurs variationnels), le processus de réglage comprend l'établissement du bon équilibre entre la perte de reconstruction et le terme de divergence KL. Cet équilibre influe considérablement sur la capacité du modèle à créer des variations des données d'entrée. Si l'on accorde trop d'importance à la perte de reconstruction, le modèle risque de se contenter de mémoriser les données d'apprentissage, tandis que l'accent mis sur la divergence KL permet de générer des sorties diverses et inédites.

Pour les modèles autorégressifs et les modèles basés sur les flux, les hyperparamètres tels que l'ordre d'autorégression et le type de couches de couplage, respectivement, deviennent des points centraux. Le réglage de ces subtilités détermine la qualité et la créativité de l'œuvre d'art qui en résulte. Toutes ces nuances soulignent collectivement que le réglage des paramètres n'est pas une simple tâche technique, mais un exercice qui exige de penser à la fois comme un scientifique et comme un artiste.

L'analyse exploratoire des données (AED) est inestimable ici. Avant de se lancer dans le réglage des paramètres, il est utile de procéder à une AED pour comprendre les caractéristiques de vos données : leur distribution, les schémas clés, les anomalies, etc. La visualisation des données peut vous donner des indications qui vous permettront de mieux choisir vos paramètres. Par exemple, si votre ensemble de données de peintures abstraites présente un large éventail de palettes de couleurs, vous pouvez choisir une architecture de modèle et une stratégie de réglage qui maximisent la diversité des résultats.

En pratique, le réglage des paramètres implique souvent une méthode connue sous le nom de recherche en grille ou de recherche aléatoire. La recherche par grille explore systématiquement un ensemble prédéfini d'hyperparamètres, en testant chaque combinaison pour trouver le réglage optimal. Bien que complète, cette approche peut être très gourmande en ressources informatiques. La recherche aléatoire offre une alternative plus efficace en échantillonnant au hasard l'espace des hyperparamètres, ce qui permet souvent d'obtenir des résultats aussi bons tout en réduisant les calculs.

Des techniques avancées comme l'optimisation bayésienne offrent une approche encore plus sophistiquée du réglage des hyperparamètres. En construisant un modèle probabiliste de la fonction qui associe les paramètres à leurs performances, les méthodes bayésiennes peuvent explorer de manière prédictive les zones les plus prometteuses de l'espace des paramètres. Cette approche permet non seulement d'accélérer le processus de réglage, mais aussi d'améliorer les performances finales du modèle.

En outre, l'utilisation d'outils tels que TensorBoard ou d'autres logiciels de visualisation peut s'avérer extrêmement utile pour le suivi du processus de réglage. Ces outils offrent un aperçu en temps réel de la manière dont les changements d'hyperparamètres affectent la dynamique d'apprentissage du modèle, ce qui permet de procéder à des ajustements plus éclairés. Ils permettent également de repérer les problèmes tels que la disparition des gradients ou le surajustement dès le début du processus, ce qui rend les actions correctives plus directes.

Il est également essentiel d'aborder l'ajustement des paramètres de manière itérative. Commencez par des balayages plus larges de l'espace des paramètres afin d'identifier les plages approximatives qui fonctionnent le mieux, puis procédez à des ajustements plus fins. La patience et la persévérance sont essentielles, car il faut souvent plusieurs séries d'essais et d'erreurs pour trouver la bonne combinaison. Le fait de documenter chaque itération, les paramètres testés et les résultats obtenus peut considérablement rationaliser ce processus, en fournissant un chemin clair à suivre dans les efforts de réglage ultérieurs.

Enfin, à mesure que vous gagnez en expérience, vous pouvez développer une intuition pour les paramètres qui fonctionnent bien pour des types particuliers de tâches génératives. Cependant, il est essentiel de rester ouvert aux nouvelles techniques et aux meilleures pratiques émergentes dans le domaine. L'IA générative est une discipline qui évolue rapidement, et la formation continue par le biais de forums, d'articles de recherche et de projets collaboratifs peut vous permettre de maintenir vos compétences à la pointe du progrès.

En résumé, l'ajustement des paramètres est un exercice d'équilibre délicat qui combine à la fois la compétence technique et la sensibilité artistique. En ajustant méticuleusement les hyperparamètres, en exploitant des techniques de réglage avancées et en restant adaptatif, vous pouvez améliorer de manière significative la créativité et la qualité de vos modèles artistiques d'IA personnalisés. Ce processus enrichit non seulement votre compréhension de la technologie sous-jacente, mais ouvre également de nouvelles voies à l'expression créative et à l'innovation.

Techniques de personnalisation

La personnalisation des modèles génératifs d'IA pour créer des œuvres d'art personnalisées offre un champ d'exploration passionnant, où la technologie rencontre la créativité individuelle. Que vous soyez débutant ou passionné par l'art de l'IA, la personnalisation vous permet d'apporter votre touche unique aux œuvres d'art générées par les algorithmes. La magie réside dans le fait de rendre le résultat moins générique et plus représentatif d'une vision, d'un style ou d'une émotion spécifique.

Pour commencer, l'une des principales étapes de la personnalisation est la sélection et la préparation des données. Les données que vous introduisez dans votre modèle peuvent influencer considérablement le résultat. Par exemple, si votre préférence artistique penche vers l'impressionnisme, vous pouvez entraîner votre modèle sur un ensemble de données riche en peintures impressionnistes. En sélectionnant soigneusement votre ensemble de données, vous posez les bases qui permettront à votre modèle de comprendre et de reproduire ces nuances artistiques.

Par la suite, le fait de modifier l'architecture du modèle lui-même peut permettre d'obtenir des résultats plus personnalisés. Vous pouvez expérimenter différents types de réseaux neuronaux ou de compositions de couches pour voir comment ils influencent le résultat final. Le réglage fin, un sous-ensemble de l'apprentissage par transfert, consiste à partir d'un modèle pré-entraîné et à n'ajuster que certaines couches ou certains paramètres. Cette technique est non seulement efficace, mais elle exploite également les connaissances existantes encodées dans le modèle pré-entraîné, ce qui vous donne une longueur d'avance dans la création d'œuvres d'art personnalisées.

L'ajustement des paramètres est un autre outil puissant. En ajustant des paramètres tels que le taux d'apprentissage, le nombre d'époques et la taille des lots, vous pouvez influencer la façon dont votre modèle apprend et fonctionne. Par exemple, un taux d'apprentissage plus faible peut ralentir le processus de formation, mais peut conduire à des résultats plus détaillés et plus précis. Inversement, un taux d'apprentissage plus élevé peut accélérer la formation, mais risque d'aboutir à des résultats moins complexes. Trouver le bon équilibre est souvent un processus itératif qui nécessite à la fois de la patience et de l'expérimentation.

Les mécanismes de contrôle, tels que le transfert de style, peuvent également contribuer de manière significative à la personnalisation. Le transfert de style consiste à entraîner un modèle à appliquer le style d'une image au contenu d'une autre. Cette technique peut être utilisée pour fusionner les styles de vos œuvres d'art préférées avec un nouveau contenu, créant ainsi des pièces entièrement originales qui portent toujours votre signature artistique distincte. C'est comme si vous disposiez d'un pinceau numérique qui peint à chaque fois dans votre style.

Une méthode prometteuse pour la création d'œuvres d'art personnalisées consiste à utiliser des modèles génératifs conditionnels. Les réseaux adversoriels génératifs conditionnels (cGAN) permettent de conditionner la sortie à des informations auxiliaires. Cela signifie que vous pouvez guider le modèle pour qu'il génère des œuvres d'art en fonction de caractéristiques ou de critères spécifiques, tels que la palette de couleurs, les éléments thématiques ou même des qualités plus abstraites telles que l'humeur. Cela rend le processus interactif et vous permet de mieux contrôler le résultat final.

L'interactivité est une autre pierre angulaire de la personnalisation. Vous pouvez utiliser des interfaces utilisateur interactives pour effectuer des ajustements à la volée pendant que vous observez le processus génératif. Ces interfaces permettent de régler les paramètres en temps réel, ce qui favorise une approche itérative et exploratoire de la création artistique. De nombreux outils modernes sont dotés d'interfaces conviviales dans lesquelles des curseurs et des boutons vous permettent de régler des aspects allant de la saturation des couleurs à la complexité des motifs.

Les techniques d'augmentation des données peuvent également être exploitées pour ajouter une touche personnelle. En ajoutant à votre ensemble de données des transformations telles que des rotations, des translations et des mises à l'échelle, vous pouvez enrichir l'expérience d'apprentissage de votre modèle. Cela permet non seulement de rendre le modèle plus robuste, mais aussi d'introduire des variations subtiles, mais significatives, qui aident à générer des œuvres d'art uniques. Essentiellement, vous apprenez au modèle à comprendre et à reproduire un éventail plus large de possibilités.

Une autre piste intéressante pour la personnalisation est l'utilisation de boucles de rétroaction humaine. Les approches interactives permettent aux utilisateurs d'évaluer ou de sélectionner leurs résultats préférés, qui sont ensuite renvoyés au système pour être affinés. Ce système en boucle fermée peut améliorer de manière significative la qualité et la pertinence de l'art généré, en l'alignant davantage sur les goûts et les préférences de l'utilisateur.

Il y a aussi l'aspect de l'utilisation de fonctions de perte personnalisées. Les modèles génératifs traditionnels utilisent des fonctions de perte prédéfinies pour guider le processus d'apprentissage. Cependant, vous pouvez définir des fonctions de perte personnalisées adaptées à vos objectifs artistiques. Par exemple, si vous accordez plus d'importance à certains éléments stylistiques qu'à d'autres, votre fonction de perte peut être ajustée de manière à pénaliser plus lourdement les écarts par rapport à ces éléments. Les modèles génératifs offrent également la possibilité d'expérimenter des manipulations de l'espace latent. En explorant l'espace latent - l'espace multidimensionnel abstrait où résident vos données - vous pouvez orienter le modèle vers la génération de types de résultats spécifiques. Des techniques telles que l'interpolation entre les points de l'espace latent peuvent produire un continuum de résultats, ce qui vous permet d'explorer un spectre de styles ou de thèmes. Cette méthode apporte un niveau de profondeur et de personnalisation qui s'apparente à la découverte de joyaux cachés dans votre propre potentiel créatif.

Les routines d'entraînement personnalisées entrent parfois en jeu pour atteindre des objectifs artistiques spécifiques. Il peut s'agir de mettre en œuvre d'autres programmes d'entraînement, de geler certaines couches tout en en entraînant d'autres, ou d'employer de nouvelles techniques d'optimisation. Ces routines sur mesure peuvent donner lieu à des modèles hautement personnalisés qui surpassent souvent les régimes d'entraînement génériques en termes de capture des styles et des nuances individuels.

La personnalisation ne s'arrête pas aux visuels ; elle s'étend également aux ajustements de performance et d'efficacité. Les modèles peuvent être optimisés pour fonctionner sur des configurations matérielles spécifiques, ce qui les rend plus accessibles pour les applications en temps réel. Des techniques telles que l'élagage ou la quantification des modèles peuvent aider à rationaliser les exigences de calcul, garantissant que même les modèles personnalisés fonctionnent efficacement sur des machines moins puissantes. Cela est particulièrement utile pour intégrer l'art de l'IA dans des installations interactives ou des applications en temps réel.

L'incorporation d'entrées multimodales, comme la combinaison de textes, d'images et même de sons, peut ajouter un autre niveau de personnalisation. Par exemple, le fait de guider un modèle de création d'art visuel à l'aide de textes descriptifs peut aider à créer des pièces qui correspondent à une narration ou à une orientation thématique qui vous intéresse. Cette approche multimodale élargit la portée de ce qui peut être réalisé, permettant à votre expression artistique de transcender les frontières traditionnelles.

Les collaborations entre les humains et les machines enrichissent souvent le processus de personnalisation. Le fait de fournir des invites créatives ou des entrées partiellement complètes pour que le modèle génératif les termine peut conduire à des formes d'art hybrides qui mélangent la créativité humaine et la précision de la machine. Ces efforts de collaboration peuvent déboucher sur des œuvres d'art uniques et uniques qui mettent en évidence les points forts de l'intuition humaine et des capacités de l'IA.

L'aspect émotionnel de l'art ne doit pas être négligé dans le processus de personnalisation. Les outils qui vous permettent de marquer les images avec des étiquettes ou des catégories émotionnelles peuvent guider le processus de génération pour produire des œuvres d'art qui résonnent à un niveau plus profond. En associant l'art généré à des tonalités émotionnelles spécifiques, vous êtes en mesure de créer des pièces qui ne sont pas seulement belles, mais qui évoquent également des sentiments ou des souvenirs.

Enfin, l'adaptation continue est cruciale pour maintenir la pertinence des modèles personnalisés. Au fur et à mesure que vos intérêts artistiques évoluent, vous pouvez continuellement mettre à jour et affiner votre modèle pour qu'il corresponde à vos goûts actuels. Cela peut impliquer un réentraînement périodique avec de nouveaux ensembles de données, l'incorporation de nouveaux styles ou l'ajustement des paramètres pour refléter vos dernières inspirations. Ce processus dynamique garantit que votre art personnalisé reste frais et résonne continuellement avec votre vision créative en constante évolution.

La personnalisation des modèles génératifs pour l'art est un voyage riche et à multiples facettes. Elle allie savoir-faire technique et intuition artistique, offrant un terrain de jeu où votre imagination peut véritablement s'exprimer. Avec un éventail de techniques à votre disposition, les possibilités de créer des œuvres d'art d'IA générative qui vous sont propres sont pratiquement infinies. Plongez, explorez et laissez votre créativité s'envoler.

Chapitre 24 :
Collaborations entre
humains et machines

La synergie entre la créativité humaine et l'intelligence des machines ouvre la voie à des formes d'art hybrides qui défient les frontières traditionnelles. En combinant le toucher nuancé des artistes humains avec la puissance de calcul de l'IA, nous pouvons produire des œuvres qui sont à la fois techniquement impressionnantes et émotionnellement résonnantes. Ces collaborations permettent aux artistes de repousser les limites de leur imagination, en incorporant des éléments qu'il serait impossible de réaliser seul. Qu'il s'agisse d'installations interactives qui réagissent aux commentaires du public ou de musique générative qui évolue en temps réel, la fusion de la créativité de l'homme et de la machine ouvre la voie à des expériences artistiques novatrices et dynamiques. Cette collaboration permet non seulement de créer des œuvres d'art uniques, mais aussi d'inspirer de nouvelles méthodes et philosophies d'expression artistique, en soulevant des questions intrigantes sur la paternité de l'œuvre et l'essence de la créativité.

Formes artistiques hybrides

Les formes artistiques hybrides représentent une intersection fascinante où la créativité humaine rencontre les prouesses informatiques des machines. Ce point de rencontre a donné naissance à certaines des œuvres d'art les plus innovantes et les plus stimulantes de ces dernières années. La collaboration entre l'homme et la machine ne s'est pas contentée d'enrichir l'art traditionnel, elle a donné naissance à des genres entièrement nouveaux. Ces formes d'art hybrides se caractérisent par l'intégration harmonieuse de l'intuition humaine et de l'intelligence de la machine, produisant des œuvres qui remettent en question notre compréhension de l'art et de la technologie.

L'attrait de l'art hybride réside dans sa capacité à transcender les limites imposées par l'un ou l'autre créateur. Les artistes ne travaillent plus de manière isolée ; ils cocréent avec des algorithmes capables de générer des variations et des itérations infinies. Tandis que la sensibilité de l'artiste humain dirige les aspects conceptuels, l'efficacité algorithmique de la machine prend en charge les calculs à grande échelle et la reconnaissance des formes. Cette synergie donne naissance à un art à la fois profondément personnel et extraordinairement complexe.

Par exemple, prenons le domaine en pleine évolution de l'art visuel génératif. Dans ce cas, les artistes fournissent des données initiales, telles qu'un ensemble d'images ou des paramètres stylistiques spécifiques, et les machines, qui utilisent souvent des réseaux adversoriels génératifs (GAN) ou des autoencodeurs variationnels (VAE), génèrent de nouvelles images qui repoussent les limites de l'esthétique conventionnelle. Il en résulte des œuvres qui possèdent à la fois l'empreinte de leurs créateurs humains et l'empreinte algorithmique de la machine. Ces nouvelles formes présentent souvent des complexités qui seraient difficiles, voire impossibles, à concevoir pour un être humain sans aide.

La musique est un autre domaine qui a été transformé de manière significative par ces collaborations. Grâce à des modèles d'IA tels que MuseNet d'OpenAI ou Magenta de Google, les musiciens ont désormais la possibilité de co-composer avec des algorithmes capables de comprendre et d'imiter différents styles et genres musicaux. Ces modèles d'IA peuvent créer des harmonies, suggérer des progressions d'accords ou même improviser des solos, offrant ainsi aux musiciens un collaborateur virtuel qui élargit leur champ de création. Les compositions qui en résultent sont une fusion de la profondeur émotionnelle humaine et de l'innovation pilotée par la machine.

Au delà de l'art et de la musique traditionnels, le domaine des formes d'art hybrides s'est étendu aux installations interactives et immersives. Dans ces projets, l'IA joue un rôle crucial dans la création d'environnements réactifs qui s'adaptent au comportement et aux émotions des participants. Les artistes collaborent avec des équipes d'ingénieurs et de scientifiques des données pour concevoir des algorithmes qui interprètent des données en temps réel, notamment des mouvements, des paroles ou des signaux physiologiques, puis réagissent en conséquence. Ces installations brisent la barrière entre les spectateurs et l'art, transformant les observateurs passifs en participants actifs.

Plus loin dans l'exploration de ce concept, les sculptures numériques hybrides représentent une autre frontière fascinante. Ici, les artistes exploitent l'IA pour transformer les données numériques en formes tangibles et tridimensionnelles. Des techniques telles que l'impression 3D combinées à des algorithmes de conception pilotés par l'IA permettent de créer des structures complexes qui peuvent évoluer et se modifier au fil du temps. Ces sculptures intègrent souvent des mécanismes de rétroaction sensorielle, ce qui les rend non seulement visuellement captivantes, mais aussi interactives. La frontière entre l'art numérique et l'art physique devient de plus en plus floue, offrant une expérience multidimensionnelle.

La littérature hybride est un autre développement passionnant. Les écrivains peuvent désormais collaborer avec l'IA pour générer des textes allant de phrases individuelles à des chapitres entiers, en intégrant la capacité de l'IA à analyser de vastes quantités de données littéraires et à reproduire différents styles d'écriture. Des outils tels que AI Dungeon ou GPT-3 ont ouvert de nouvelles possibilités pour la narration interactive, permettant aux lecteurs d'interagir avec des narrations qui s'adaptent en temps réel en fonction de leurs entrées. Le résultat est un récit dynamique, en constante évolution, qui offre une expérience personnalisée à chaque lecteur.

En outre, l'art de la performance hybride combine le meilleur des deux mondes : l'expressivité humaine et la précision de la machine. Les danseurs peuvent interagir avec des systèmes d'intelligence artificielle qui modifient l'éclairage, le son et les projections en fonction de leurs mouvements, créant ainsi une expérience profondément immersive. Ces performances font souvent appel à des technologies portables qui enregistrent des données physiologiques telles que le rythme cardiaque et la tension musculaire, et qui transmettent ces informations à un système d'IA qui adapte l'environnement de la performance en temps réel. Cette forme d'art met l'accent sur l'unité entre l'homme et la machine, produisant une performance qui semble à la fois organique et technologiquement avancée.

Il ne faut pas négliger les arts cinématographiques hybrides qui gagnent également du terrain. Les cinéastes utilisent l'IA pour monter des séquences, générer des effets spéciaux et même écrire des scénarios. Par exemple, les logiciels pilotés par l'IA peuvent analyser les séquences brutes afin de recommander les meilleures séquences pour la construction d'un récit. En outre, l'IA peut générer des effets visuels qui s'intègrent de manière transparente dans les séquences en prise de vue réelle, créant ainsi des expériences cinématographiques à la fois réalistes et fantastiques. Cette collaboration permet aux cinéastes de repousser les limites de la créativité tout en maintenant des niveaux élevés d'efficacité et de précision.

Il convient de noter que ces formes hybrides ne consistent pas simplement à combiner les efforts de l'homme et de la machine ; elles invitent à un dialogue entre les deux. Ce dialogue peut soulever des questions essentielles sur la paternité, l'originalité et la nature même de la créativité. Lorsqu'une IA génère une œuvre d'art, est-ce la machine qui doit être créditée, ou l'humain qui a conçu l'algorithme ? Ou peut-être les deux ? Ces questions remettent en question nos notions traditionnelles de ce que signifie créer et ouvrent des débats philosophiques qui s'inspirent à la fois de la théorie de l'art et de l'éthique.

Le secteur de l'éducation explore également des formes d'art hybrides en tant qu'outils d'enseignement et d'apprentissage. Les cours qui combinent des éléments de codage, de conception et d'art encouragent les étudiants à penser de manière transversale et à développer un état d'esprit hybride. En intégrant l'IA dans l'enseignement artistique, les établissements peuvent préparer les futurs artistes à utiliser ces technologies comme des prolongements de leur propre créativité, plutôt que de les considérer comme de simples outils. Cette approche intégrative permet non seulement d'élargir le champ d'action des étudiants, mais aussi de les équiper pour naviguer dans le paysage en constante évolution de l'art et de la technologie. Les entreprises commandent de plus en plus de projets artistiques hybrides pour améliorer l'engagement envers la marque et l'expérience client. Des logos générés par l'IA aux campagnes interactives, les entreprises reconnaissent la valeur de l'intégration des innovations artistiques et technologiques. Ces projets hybrides ne se contentent pas de captiver le public, ils constituent également de puissants outils de marketing qui soulignent la modernité et l'approche avant-gardiste d'une marque.

Bien entendu, les formes d'art hybrides s'accompagnent également de défis. Des questions telles que l'utilisation éthique des données, le risque de biais algorithmique et le risque de dépendance excessive à l'égard de la technologie sont toutes des considérations importantes. Les artistes et les développeurs doivent relever ces défis de manière réfléchie, en veillant à ce que leur travail respecte les normes éthiques et favorise l'inclusion. Au fur et à mesure que l'art hybride évolue, nos cadres de compréhension et d'évaluation de son impact doivent également évoluer.

L'avenir des formes d'art hybride est à la fois passionnant et imprévisible. À mesure que les progrès de l'IA se poursuivent, les possibilités de nouvelles formes d'expression et de créativité sont illimitées. Nous pouvons nous attendre à une interaction de plus en plus sophistiquée entre les contributions de l'homme et de la machine, conduisant à un art plus interactif, personnalisé et immersif que jamais. Cette évolution continue promet de redéfinir notre perception de l'art et de la créativité, en nous incitant à reconsidérer les frontières entre l'homme et la machine.

En conclusion, les formes d'art hybride représentent une extraordinaire confluence de l'imagination humaine et de l'innovation technologique. À mesure que les artistes et les machines continuent de collaborer, nous verrons sans aucun doute émerger de nouveaux genres et de nouvelles modalités, chacun repoussant les limites de ce que l'art peut être. Cette interaction dynamique témoigne du potentiel illimité de la créativité et nous invite à envisager un avenir où la synthèse des capacités de l'homme et de la machine redéfinira l'essence même de l'expression artistique.

Les formes d'art hybrides représentent une extraordinaire confluence entre l'imagination humaine et l'innovation technologique.

Études de cas

Le paysage créatif est en constante évolution, et la collaboration entre les humains et les machines est l'un des domaines les plus passionnants de ce voyage interdisciplinaire. Nous allons nous pencher sur quelques études de cas décisives qui montrent comment l'IA générative et la créativité humaine ont convergé pour produire des résultats révolutionnaires. Chacun de ces exemples souligne non seulement l'ingéniosité de la technologie, mais aussi le flair irremplaçable des artistes et des développeurs humains.

Un cas remarquable est la création du projet "Next Rembrandt". Dirigé par une équipe composée de scientifiques des données, de développeurs et d'historiens de l'art, ce projet visait à générer une nouvelle œuvre d'art dans le style du célèbre peintre néerlandais Rembrandt van Rijn. En analysant des scans haute résolution des œuvres de Rembrandt, l'équipe a compilé un ensemble de données approfondies comprenant les coups de pinceau de l'artiste, sa palette de couleurs et ses préférences en matière de sujets. À l'aide de ces informations, ils ont entraîné un modèle d'apprentissage profond à recréer une nouvelle peinture qui pourrait s'intégrer de manière transparente dans le répertoire de Rembrandt. Le résultat final est le portrait d'un homme vêtu d'un costume traditionnel du XVIIe siècle, étonnamment rendu dans les moindres détails. Ce projet témoigne de la manière dont l'IA peut renforcer les formes d'art traditionnelles, en rendant hommage aux styles historiques tout en tirant parti de la technologie contemporaine.

Une autre collaboration fascinante concerne le projet DeepDream de Google. Cette initiative est née d'une expérience interne à Google visant à comprendre ce que les réseaux neuronaux perçoivent dans les images. En exagérant les modèles reconnus par les réseaux, l'équipe a généré des images surréalistes et oniriques qui ont transformé l'ordinaire en extraordinaire. Les artistes ont rapidement compris le potentiel de cet outil pour produire des images uniques et psychédéliques. Depuis, DeepDream a été adopté par de nombreux artistes qui intègrent son esthétique hallucinogène dans diverses formes de médias, de l'art visuel aux installations vidéo. Le succès du projet démontre la capacité de l'IA à inspirer de nouvelles directions artistiques, en transformant à la fois le processus de création et l'œuvre d'art qui en résulte.

Dans le domaine de la musique, la collaboration entre les musiciens humains et l'IA a également donné des résultats fructueux. Par exemple, l'album "I AM AI" de Taryn Southern est devenu le premier album entièrement composé par l'IA de l'histoire. Taryn a collaboré avec la plateforme d'IA Amper Music, qui permet aux utilisateurs de générer des compositions musicales basées sur leurs données concernant l'humeur, la durée et l'instrumentation. Tandis qu'Amper s'est chargé du travail de composition initial, Taryn a ajouté les paroles, les voix et les touches finales de production, créant ainsi un album à forte résonance émotionnelle qui allie les mélodies générées par l'IA à la narration humaine. Cette relation symbiotique met en évidence les possibilités de transformation de l'IA dans la musique, en repoussant les limites de ce qui peut être réalisé lorsque l'intuition humaine et la précision de la machine se rencontrent.

Le cinéma a également connu des innovations significatives grâce à la collaboration avec l'IA. Prenons l'exemple du scénario de "Sunspring", un court métrage de science-fiction entièrement écrit par une IA nommée Benjamin, créée par le cinéaste Oscar Sharp et le chercheur en IA Ross Goodwin. Benjamin a été formé à des centaines de scénarios de science-fiction et, bien qu'il ait produit un texte quelque peu abstrait et non linéaire, il a fourni une base narrative unique pour le film. Les réalisateurs humains ont ensuite interprété et visualisé ce scénario non conventionnel, ce qui a donné lieu à un film excentrique mais qui donne à réfléchir. Ce cas illustre le potentiel imaginatif de l'IA dans les formes d'art narratif, en remettant en question les paradigmes narratifs traditionnels et en encourageant des approches plus expérimentales.

Dans le domaine de la mode, la collaboration entre l'IA et les créateurs a donné naissance à des collections qui repoussent les limites esthétiques. Un exemple est le travail de la créatrice allemande Hanna Smiatek, qui a utilisé des réseaux adversaires génératifs (GAN) pour concevoir des modèles de vêtements nouveaux et innovants. En entraînant ses modèles sur une base de données d'articles de mode existants, elle a pu générer des pièces entièrement nouvelles qui combinent des éléments de différents styles et époques. Ces créations créées par l'IA présentent des possibilités qu'il serait difficile de concevoir manuellement, offrant ainsi une nouvelle perspective sur les futures tendances de la mode. L'interaction entre la créativité humaine et l'apprentissage automatique dans l'industrie de la mode montre comment des domaines apparemment disparates peuvent se croiser pour produire des innovations sans précédent.

Une autre étude de cas significative est le projet piloté par l'IA appelé "The Grid", une plateforme de conception de sites web qui utilise l'apprentissage automatique pour construire de manière autonome des sites web en fonction du contenu et des préférences de l'utilisateur. En analysant les principes de conception et les données des utilisateurs, l'IA de The Grid peut automatiquement choisir des mises en page, des schémas de couleurs et des typographies qui s'alignent esthétiquement sur la marque de l'utilisateur. Cela permet aux utilisateurs de créer des sites web de qualité professionnelle avec un minimum de données, démocratisant ainsi l'accès à une conception web de haute qualité. Si les concepteurs ont d'abord considéré ces technologies comme une concurrence, nombre d'entre eux ont rapidement réalisé leur potentiel en tant qu'outils puissants susceptibles de rationaliser leur flux de travail et d'élargir leurs capacités créatives.

L'utilisation collaborative de l'IA dans les installations interactives constitue une autre étude de cas convaincante. Par exemple, teamLab, un collectif artistique interdisciplinaire basé à Tokyo, utilise l'IA pour créer des environnements numériques immersifs. Leurs installations, telles que "teamLab Borderless", utilisent l'IA pour produire des œuvres d'art dynamiques qui changent en temps réel en fonction de l'interaction du spectateur. Au fur et à mesure que les visiteurs se déplacent dans l'exposition, l'IA modifie les motifs, les couleurs et les sons en conséquence, créant ainsi une expérience artistique profondément personnalisée et en constante évolution. Ce mariage de la créativité humaine et de l'apprentissage automatique invite le public à participer activement au processus artistique, faisant de l'art lui-même une entité vivante et respirante façonnée par l'interaction humaine collective.

L'une des études de cas les plus nuancées sur le plan éthique est sans doute le projet "AI Gaydar" créé par Yilun Wang et Michal Kosinski à l'université de Stanford. Ils ont entraîné un réseau neuronal à prédire l'orientation sexuelle à partir d'images faciales, ce qui a déclenché un débat éthique animé sur la portée et les implications de l'IA. Bien que techniquement sophistiqué, le projet a soulevé de sérieuses questions sur la vie privée, le consentement et le risque d'abus. Ce cas nous rappelle brutalement que la collaboration entre les humains et les machines nécessite des considérations éthiques vigilantes, afin de garantir que les avancées technologiques profitent à la société plutôt qu'elles ne lui nuisent.

Le rôle de l'IA générative dans le journalisme est un autre domaine qui mérite d'être mentionné. Automated Insights, une entreprise spécialisée dans la génération de langage naturel, a lancé sa plateforme appelée Wordsmith pour automatiser la production d'articles de presse, en particulier dans des contextes où les données sont nombreuses, comme les rapports financiers et le journalisme sportif. Plutôt que de remplacer les journalistes, cette technologie agit comme un accélérateur, leur permettant de se concentrer sur le travail d'investigation et de narration pendant que l'IA s'occupe des reportages de routine. Dans le domaine de l'architecture, des cabinets comme Zaha Hadid Architects ont commencé à intégrer l'IA dans leurs processus de conception. En utilisant des algorithmes de conception générative, les architectes peuvent explorer rapidement des centaines d'itérations de conception, en tenant compte des considérations environnementales, des contraintes matérielles et des directives esthétiques. Cela permet une approche plus holistique et plus efficace de la conception des bâtiments. La symbiose entre l'expertise architecturale humaine et l'optimisation pilotée par l'IA conduit à des structures qui ne sont pas seulement visuellement étonnantes, mais qui sont également durables sur le plan environnemental et économiquement viables.

Dans le domaine de la santé, la collaboration entre les humains et l'IA a conduit à des avancées en matière d'imagerie diagnostique. Par exemple, DeepMind, de Google, a mis au point des systèmes d'IA capables d'analyser les scans rétiniens pour détecter avec une grande précision les signes précoces de maladies telles que la rétinopathie diabétique et la dégénérescence maculaire liée à l'âge. Bien que ces systèmes soient des outils inestimables, le rôle du médecin humain reste irremplaçable pour le diagnostic final et la planification du traitement. Comme nous l'avons vu, qu'il s'agisse de créer des œuvres d'art, de composer de la musique, de dessiner des vêtements, de créer des films, de concevoir des sites web ou même de repousser les limites de l'éthique, la collaboration entre l'homme et la machine a donné lieu à des innovations extraordinaires

Chapitre 25 :
Aspects juridiques de l'IA générative

Le paysage juridique entourant l'IA générative est un terrain complexe et évolutif, avec des implications significatives concernant le droit d'auteur, l'utilisation équitable et la propriété intellectuelle. Alors que les débutants et les passionnés explorent le potentiel créatif de l'IA générative, il est essentiel de comprendre comment les cadres juridiques s'appliquent aux œuvres générées par l'IA. Ces considérations ne sont pas seulement théoriques ; elles ont un impact réel sur la façon dont les créateurs et les utilisateurs interagissent avec les technologies de l'IA. Par exemple, la question se pose de savoir qui détient les droits sur les œuvres d'art générées par l'IA : le programmeur qui a conçu l'algorithme, l'utilisateur qui saisit les données ou l'IA elle-même ? En outre, les lois existantes sur le droit d'auteur et leur interprétation dans le contexte du contenu généré par l'IA peuvent varier, ce qui fait qu'il est essentiel de se tenir informé des affaires juridiques récentes et des précédents. Naviguer dans ces eaux juridiques exige un mélange de vigilance et d'adaptabilité, garantissant que les efforts créatifs dans l'espace de l'IA générative sont à la fois innovants et conformes aux lois et réglementations en vigueur. En plongeant dans les aspects juridiques, nous visons à vous doter des connaissances nécessaires pour protéger votre travail et respecter les droits d'autrui, en encourageant une approche responsable et éthique de l'utilisation de l'IA générative dans vos projets créatifs.

Droit d'auteur et usage loyal

L'intersection du droit d'auteur et de l'art génératif de l'IA est un paysage complexe et évolutif. À la base, le droit d'auteur est un cadre juridique conçu pour protéger les créations originales des auteurs, artistes, musiciens et autres créateurs. En ce qui concerne l'IA générative, la question de savoir qui détient le droit d'auteur - le programmeur, l'utilisateur ou même l'IA elle-même - devient de plus en plus compliquée. Il est essentiel de comprendre ces nuances pour tout débutant ou passionné désireux de plonger dans le monde de l'art génératif.

Traditionnellement, la loi sur le droit d'auteur accorde au créateur d'une œuvre originale des droits exclusifs spécifiques, tels que le droit de reproduire, de distribuer et d'afficher l'œuvre. Mais qui est le créateur lorsqu'un programme d'intelligence artificielle génère l'œuvre d'art ? Dans la plupart des juridictions, la loi sur le droit d'auteur ne reconnaît pas encore à l'IA la capacité d'être un auteur légal. Par conséquent, les humains qui se trouvent derrière l'IA - soit les développeurs qui ont créé les algorithmes, soit les utilisateurs qui saisissent les données et les paramètres - sont généralement considérés comme les créateurs de facto et les détenteurs du droit d'auteur. Toutefois, cette interprétation peut varier considérablement en fonction du cadre juridique du pays en question.

Un autre aspect essentiel à prendre en considération est celui des données d'entraînement utilisées pour développer des modèles d'IA générative. Ces ensembles de données comprennent souvent des millions d'images, de textes ou de morceaux de musique protégés par le droit d'auteur. L'utilisation de ces données pour former un modèle d'IA peut soulever d'importants problèmes de droits d'auteur, en particulier si le résultat généré par l'IA ressemble étroitement à ses exemples de formation. Si une œuvre générée par l'IA ressemble trop à des œuvres existantes protégées par le droit d'auteur, elle peut porter atteinte au droit d'auteur de ces œuvres originales, même si la ressemblance n'était pas intentionnelle.

L'usage loyal est un autre concept qui peut entrer en jeu lorsqu'on discute de l'IA générative. L'usage loyal permet une utilisation limitée de matériel protégé par le droit d'auteur sans obtenir l'autorisation des détenteurs de droits, à condition que l'utilisation réponde à des critères spécifiques. Dans le contexte de l'IA générative, cela pourrait inclure l'utilisation d'images ou de textes protégés par des droits d'auteur à des fins de recherche, d'éducation ou de parodie. Toutefois, la définition de ce qui constitue un usage loyal peut être très subjective et varie en fonction de la juridiction. Par exemple, une œuvre d'art d'IA utilisée à des fins éducatives aux États-Unis peut être considérée comme un usage loyal, alors que dans d'autres pays, elle ne bénéficiera peut-être pas de la même protection.

L'usage transformatif est un pilier central de la doctrine de l'usage loyal. Si une œuvre générée par l'IA transforme l'entrée originale d'une manière qui ajoute une nouvelle expression, un nouveau sens ou un nouveau message, elle peut être considérée comme transformative et donc relever de l'usage loyal. Par exemple, l'utilisation d'une IA générative pour créer des images entièrement nouvelles qui font simplement référence au style ou aux éléments des images originales pourrait être considérée comme transformative. Toutefois, il s'agit d'une zone grise sur le plan juridique, et un procès est souvent nécessaire pour déterminer si une utilisation spécifique peut être qualifiée d'usage loyal transformatif.

Plusieurs affaires juridiques marquantes ont déjà commencé à répondre à certaines de ces préoccupations. L'une d'entre elles concerne l'utilisation de l'intelligence artificielle pour générer des œuvres d'art à partir d'œuvres existantes protégées par le droit d'auteur. Les tribunaux s'efforcent de déterminer si le nouvel art est suffisamment transformateur pour mériter sa propre protection par le droit d'auteur ou s'il constitue simplement une œuvre dérivée qui porte toujours atteinte aux droits du créateur original. Bien que chaque cas soit unique, l'issue de ces batailles juridiques créera des précédents sur la manière dont la loi sur le droit d'auteur est interprétée dans le contexte de l'IA générative.

Le rôle des contrats et des licences est également primordial dans le domaine de l'IA générative. Lors de l'utilisation d'ensembles de données de tiers ou de modèles pré-entraînés, il est essentiel de comprendre les termes et conditions établis par les créateurs ou distributeurs d'origine. Ces accords juridiques précisent souvent comment les données ou les modèles peuvent être utilisés, modifiés et partagés. En tant que passionné ou débutant de l'IA générative, il peut être prudent de consulter un expert juridique lors de l'exploration de nouveaux projets, en particulier si vous avez l'intention de commercialiser vos créations. Les conseils juridiques peuvent vous aider à naviguer dans les complexités du droit d'auteur et de l'utilisation équitable, en veillant à ce que vous restiez dans les limites légales et à ce que vous vous protégiez contre d'éventuelles poursuites. En outre, la compréhension de ces cadres juridiques vous permettra de prendre des décisions éclairées concernant vos processus créatifs, de la sélection des données d'entraînement au partage ou à la vente de votre art généré par l'IA.

Une autre façon de naviguer dans ces complexités est d'utiliser des ensembles de données et des modèles open-source. Les plateformes à code source ouvert sont souvent assorties de licences plus permissives, ce qui permet une plus grande liberté d'expérimentation et de création. En choisissant des ressources étiquetées pour la réutilisation et la modification, vous pouvez réduire le risque d'enfreindre les lois sur les droits d'auteur. Toutefois, même les ressources à source ouverte sont assorties de règles et de restrictions qui doivent être examinées avec soin.

Les projets collaboratifs peuvent également bénéficier d'une bonne compréhension des principes du droit d'auteur et de l'utilisation équitable. Lorsque plusieurs parties contribuent à un projet d'IA générative, l'établissement d'accords clairs dès le départ concernant la propriété et les droits peut prévenir les litiges en cours de route. Dans certains secteurs, des registres volontaires et des systèmes de gestion des droits numériques (DRM) apparaissent comme des outils permettant de gérer et de protéger les œuvres générées par l'IA. Ces systèmes permettent aux créateurs d'enregistrer leurs œuvres, d'établir la preuve de leur paternité et de contrôler la manière dont leurs créations sont utilisées et distribuées. Bien qu'ils ne soient pas juridiquement contraignants, ces registres peuvent offrir une couche supplémentaire de protection et aider à établir les droits d'un créateur à l'ère numérique.

Alors que le domaine de l'IA générative continue de croître et d'évoluer, le paysage du droit d'auteur et de l'utilisation équitable évolue lui aussi. Il est essentiel pour quiconque s'intéresse à ce domaine de rester informé des derniers développements en matière de droit et de technologie. Les normes industrielles, les directives éthiques et les précédents juridiques en évolution joueront tous un rôle dans le façonnement de l'avenir de l'IA générative et de ses applications créatives.

En conclusion, le droit d'auteur et l'utilisation équitable sont des considérations essentielles pour quiconque s'intéresse à l'IA générative. La compréhension de ces concepts juridiques vous aidera non seulement à protéger votre travail, mais aussi à respecter les droits des autres créateurs. Alors que vous explorez les possibilités passionnantes de l'IA générative, le fait de garder ces aspects juridiques à l'esprit vous permettra de naviguer dans le paysage créatif avec plus de confiance et d'intégrité.

Études de cas juridiques

Les études de cas juridiques sont essentielles pour comprendre comment les tribunaux interprètent les complexités entourant l'IA générative. Au cours des dernières années, plusieurs affaires clés ont façonné le paysage juridique concernant les œuvres créées par l'IA, établissant des précédents que les futures affaires suivront probablement. Ces affaires nous aident à voir non seulement la lettre de la loi, mais aussi son application et ses implications dans le monde réel.

L'une des affaires marquantes dans le domaine de l'IA générative est *Naruto v. Slater*. Bien que cette affaire ne concerne pas directement l'IA, elle tourne autour du concept de propriété du droit d'auteur pour les œuvres créées par des non-humains. Dans cette affaire, un singe nommé Naruto a pris une photographie à l'aide d'un appareil installé par le photographe naturaliste David Slater. PETA a intenté une action en justice en affirmant que Naruto devait détenir les droits d'auteur sur la photographie. Le tribunal a finalement décidé que les animaux ne pouvaient pas détenir de droits d'auteur. Cette affaire est souvent citée dans les discussions sur la question de savoir si l'IA, en tant qu'entité non humaine, peut détenir les droits sur ses créations.

Une autre affaire importante est celle de *Feist Publications, Inc. v. Rural Telephone Service Co.* Même si elle remonte à 1991, cette affaire a créé un précédent en matière de droit d'auteur en ce qui concerne l'originalité. La Cour suprême a statué que les données brutes ou les informations factuelles qui ne sont pas régies par la créativité ne sont pas protégeables par le droit d'auteur. Cet arrêt a des implications pour l'IA, car de nombreux systèmes d'IA génératifs produisent des travaux en compilant des données existantes. Il est essentiel de comprendre la frontière ténue entre la créativité et les données brutes pour les affaires impliquant du contenu généré par l'IA.

Dans un cas plus récent et directement pertinent, l'affaire *Thaler v. the United States Copyright Office* s'est attaquée de front à la question. Stephen Thaler a déposé une demande de droits d'auteur au nom d'un système d'IA appelé "Creativity Machine" pour une œuvre d'art créée par l'IA. L'Office américain des droits d'auteur a rejeté la demande, estimant que seules les œuvres créées par des êtres humains pouvaient bénéficier d'une protection par le droit d'auteur. Cette décision met en évidence un obstacle majeur pour ceux qui cherchent à commercialiser des œuvres d'art générées par l'IA : l'exigence de paternité humaine.

Maryland v. King et ses suites explorent plus avant les implications de l'IA dans les cadres juridiques. Bien que l'affaire ait porté sur les tests ADN et la médecine légale, l'acceptation générale des progrès technologiques dans la collecte de preuves a ouvert la voie à la prise en compte des données générées par l'IA devant les tribunaux. Cela suggère que si l'IA ne peut pas détenir de droits d'auteur, les résultats de l'IA, tels que les données, peuvent toujours être protégés sous différents aspects de la loi.

Un exemple fascinant est l'affaire *Infopaq International A/S v. Danske Dagblades Forening* de l'Union européenne. Il s'agissait de la génération automatique d'extraits de texte par un système d'intelligence artificielle. La Cour de justice de l'UE a estimé que même les bribes de texte produites par un logiciel pouvaient faire l'objet d'un droit d'auteur si elles atteignaient le seuil d'originalité requis. Cet arrêt indique que le contenu généré par l'IA pourrait bénéficier d'une certaine forme de protection s'il ressemble suffisamment à un travail produit par un humain pour satisfaire aux normes d'originalité.

Il y a ensuite le cas curieux de *Aleph Farms* et *Technion-Israel Institute of Technology*, où la légalité de la viande produite en laboratoire a été examinée de près. Bien qu'il ne s'agisse pas à proprement parler d'IA générative, ce cas montre comment les technologies émergentes peuvent remettre en question les cadres juridiques existants. Elle met en évidence la nécessité de nouvelles lois et réglementations pour tenir compte des avancées technologiques, ouvrant ainsi la voie à de futures discussions sur l'IA dans les salles d'audience.

L'affaire récente *Getty Images c. Stability AI* soulève une autre dimension de la complexité. Getty Images a accusé Stability AI d'avoir récupéré des millions d'images de son site pour entraîner ses modèles génératifs sans autorisation. Cette affaire touche à l'utilisation éthique de matériel protégé par le droit d'auteur pour entraîner l'IA. Si le tribunal donne raison à Getty Images, cela pourrait avoir un impact significatif sur la manière dont les ensembles de données pour l'IA générative sont créés et utilisés.

Par ailleurs, l'affaire *Atari v. Redbubble* a exploré les limites des conceptions automatisées et des droits de marque. La plateforme de Redbubble permet aux utilisateurs de créer et de vendre des produits comportant des dessins générés par l'intelligence artificielle. Atari a fait valoir que certains dessins portaient atteinte à ses marques. La décision du tribunal de se ranger du côté d'Atari indique une volonté de faire respecter les lois traditionnelles sur la propriété intellectuelle, même face à un contenu complexe généré par l'IA.

Une affaire inédite mais connexe concernait l'artiste *Robin Sloan*, qui avait créé un roman en utilisant son propre modèle de génération de texte. Lorsque Sloan a tenté de publier le roman, des questions se sont posées au sujet de la paternité et des droits d'auteur. Cette affaire a donné lieu à des discussions plutôt qu'à une altercation juridique, mais elle a incité la communauté juridique à s'interroger sur la manière d'attribuer la paternité d'un texte lorsque les efforts de l'homme et de la machine sont entremêlés. Bien qu'aucune affaire formelle n'en ait résulté, elle a ouvert la voie à de futurs litiges.

Pour en revenir à un système juridique différent, le dialogue sur le droit d'auteur au Japon porte sur un cas unique, celui de Sony

Computer Science Laboratories et de sa musique générée par l'intelligence artificielle. Dans ce cas, il ne s'agit pas seulement de la paternité de l'œuvre, mais aussi du partage des bénéfices et de l'attribution des responsabilités. Compte tenu de l'attitude progressiste du Japon à l'égard de la technologie, la résolution pourrait offrir d'autres précédents que la jurisprudence occidentale.

L'affaire *Tencent vs. ByteDance*, qui s'est déroulée en Chine, a opposé deux géants de la technologie au sujet de la littérature générée par l'intelligence artificielle. Tencent a fait valoir que l'IA de ByteDance générait des histoires trop semblables à celles contenues dans ses propres répertoires. Cette décision reflète l'évolution de la législation chinoise en matière de droits d'auteur, qui est de plus en plus mise à l'épreuve par les technologies d'IA en plein essor. Il s'agit là d'un autre exemple de la manière dont différents systèmes juridiques traitent des défis similaires en matière d'IA.

Enfin, il est important de mentionner les cas où les affaires juridiques ne sont pas directement traitées par les tribunaux, mais par des organismes de réglementation. Le règlement général sur la protection des données (RGPD) de l'Union européenne a été utilisé pour traiter les plaintes relatives à l'utilisation abusive des données par les systèmes d'IA. Par exemple, plusieurs affaires anonymes ont fait état de violations du GDPR concernant la manière dont l'IA générative utilise les données personnelles pour créer de nouveaux contenus : Les systèmes juridiques du monde entier s'efforcent de suivre le rythme des progrès rapides de la technologie de l'IA. Chaque cas qui se présente est une incursion dans un territoire juridique inexploré. En résumé, ces batailles juridiques soulignent la nécessité de mettre à jour les lois et de bien comprendre comment l'IA générative peut s'intégrer dans les cadres juridiques existants. Elles fournissent des leçons instructives, non seulement dans la rhétorique de la salle d'audience, mais aussi dans le tissu même de la façon dont la société valorise la créativité et la propriété à l'ère numérique. Elles mettent en évidence différentes approches, allant du strict respect des lois existantes à des interprétations créatives, voire à des discussions sur de nouveaux paradigmes juridiques. Avec chaque décision et chaque règlement, nous nous rapprochons d'un dialogue plus nuancé et plus éclairé sur l'IA générative et sa place dans nos systèmes juridiques.

Il n'y a pas d'autre solution que de se pencher sur la question.

Conclusion

Le voyage à travers les domaines de l'IA générative, des éléments fondamentaux au zénith des applications créatives, est une odyssée au vaste potentiel et à l'exploration sans fin. En parcourant les sujets allant de la compréhension des bases de l'apprentissage automatique à l'approfondissement des nuances des réseaux adversaires génératifs et des autoencodeurs variationnels, il est clair que ce domaine n'est pas seulement techniquement riche, mais aussi mûr pour des opportunités créatives sans précédent.

L'IA générative témoigne de la symbiose entre l'ingéniosité humaine et les capacités de la machine. La collaboration aboutit à des créations qu'aucune des deux entités ne pourrait réaliser seule. Cette synthèse fait de l'IA non seulement un outil, mais aussi un partenaire de la création artistique. Qu'il s'agisse de produire des œuvres visuelles impressionnantes, de composer de la musique ou de rédiger des textes, les possibilités sont aussi vastes que l'imagination humaine.

L'un des aspects les plus profonds de l'IA générative est sa démocratisation de la créativité. Aujourd'hui, plus que jamais, les artistes en herbe comme les professionnels chevronnés peuvent ouvrir de nouvelles voies d'expression sans être freinés par les limites des compétences traditionnelles. Grâce à la pléthore d'outils et de bibliothèques accessibles, la mise en place d'un espace de travail créatif en IA est devenue possible pour quiconque dispose d'un ordinateur et d'une connexion internet. L'ère de la production artistique exclusive évolue vers l'inclusivité et la diversité, alimentées par l'IA générative.

Toutefois, un grand pouvoir s'accompagne d'une grande responsabilité. Les considérations éthiques sont primordiales à mesure que nous explorons et exploitons ces nouvelles technologies. Il est crucial de rester vigilant sur la confidentialité des données, l'approvisionnement éthique et les biais potentiels des systèmes d'IA. En tant qu'artistes et créateurs, nous devons veiller à ce que l'IA générative ne se contente pas d'améliorer la créativité, mais respecte et préserve également les valeurs fondamentales que sont l'originalité et l'authenticité.

Les efforts de collaboration entre les humains et les machines donnent naissance à un nouveau genre fascinant de formes artistiques hybrides. Ces formes remettent en question les frontières traditionnelles et nous invitent à reconsidérer ce que peut être l'art à l'ère numérique. Les études de cas et les projets réels présentés dans cet ouvrage soulignent l'impact incroyable que peut avoir l'IA générative, en repoussant les limites de ce qui est technologiquement et artistiquement possible.

La participation à la communauté artistique de l'IA alimente encore davantage ce domaine émergent. En entrant en contact avec des personnes partageant les mêmes idées par le biais de forums en ligne, de groupes, de conférences et d'événements, il est possible d'échanger des idées, de chercher l'inspiration et de trouver du soutien. Cet esprit de collaboration permet non seulement d'améliorer les projets individuels, mais aussi de faire progresser le domaine dans son ensemble.

L'avenir de l'IA générative est à la fois exaltant et inexploré. Les technologies et innovations émergentes laissent présager un avenir où le rôle de l'IA dans l'art ne sera pas seulement complémentaire, mais intégral. À mesure que nous avançons, l'art créé par l'IA évoluera sans aucun doute, devenant plus sophistiqué et intégré dans les formes d'art courantes. Prévoir ces tendances nous permet de rester en tête et de continuer à innover avec intention et clairvoyance.

La résolution des problèmes courants, la compréhension du paysage juridique et la personnalisation des modèles resteront des éléments essentiels au fur et à mesure que vous poursuivrez vos explorations. La maîtrise de ces domaines vous permettra non seulement de résoudre les obstacles, mais aussi de repousser les limites techniques et créatives de vos projets. La création et le maintien d'un cadre d'amélioration continue garantissent que votre art génératif reste dynamique et transformateur.

La monétisation de l'art de l'IA ouvre des possibilités intrigantes pour les artistes qui cherchent à commercialiser leurs créations. Qu'il s'agisse de licences, de ventes, de crowdfunding ou de parrainage, les possibilités de récompense financière sont aussi diverses que les formes d'art elles-mêmes. Comprendre ces voies peut transformer des projets de passion en carrières artistiques durables.

Le potentiel de l'IA générative pour révolutionner l'art est immense. Ce livre vise à vous fournir les connaissances et les outils nécessaires pour vous plonger dans ce domaine en pleine évolution. Que vous soyez un débutant faisant ses premiers pas ou un enthousiaste désireux d'élargir sa boîte à outils, les principes fondamentaux abordés ici sont conçus pour vous permettre de créer, d'itérer et d'innover.

Au terme de notre exploration, n'oubliez pas que le monde de l'IA générative est en perpétuelle évolution. Restez curieux, restez passionnés et, surtout, continuez à créer. La véritable beauté de l'IA générative ne réside pas seulement dans la technologie elle-même, mais dans ce que vous, en tant qu'artistes, pouvez imaginer et donner vie. L'horizon est aussi vaste que le permet votre créativité : allez-y et créez quelque chose de merveilleux.

Annexe A :
Annexe

Dans cette annexe, nous avons compilé des informations et des ressources supplémentaires pour améliorer votre voyage dans le monde fascinant de l'IA générative. Bien que les chapitres principaux aient fourni des discussions approfondies et des explorations approfondies de divers aspects et applications de l'IA générative, il est inestimable d'avoir une référence consolidée pour un accès rapide à des documents supplémentaires et à des lectures plus approfondies. Qu'il s'agisse de pointeurs supplémentaires vers des ensembles de données pertinents, de suggestions de projets pratiques ou des outils les plus récents, cette annexe vous servira de ressource de référence pour élargir vos connaissances et vos compétences en IA générative.

Lectures complémentaires

Au-delà des chapitres principaux, il existe de nombreuses publications et de nombreux articles qui offrent des aperçus supplémentaires dans des domaines spécifiques de l'IA générative. Voici quelques recommandations triées sur le volet:

Livres sur l'apprentissage automatique et les réseaux neuronaux

Articles sur les derniers développements en matière de GAN et de VAE

Articles sur les considérations éthiques et les impacts sociétaux de l'art généré par l'IA

Ensembles de données et sources pour l'art de l'IA

Les données constituent un élément clé des projets d'IA générative. La qualité et la pertinence de vos ensembles de données peuvent grandement influencer les résultats. Voici quelques sources fiables d'ensembles de données :

OpenAI Datasets

UCI Machine Learning Repository

Google Dataset Search

Collections d'œuvres d'art du domaine public provenant de musées

Outils et bibliothèques

Bien que nous ayons abordé certains outils et bibliothèques au chapitre 7, cette liste comprend des ressources supplémentaires qui peuvent s'avérer particulièrement utiles pour divers projets d'IA générative :

TensorFlow : Une bibliothèque puissante pour construire et entraîner des modèles d'apprentissage automatique

PyTorch : Connu pour sa flexibilité et sa facilité d'utilisation dans la création de réseaux neuronaux

Processing : Un cahier d'esquisses et un langage logiciel flexible pour apprendre à coder dans le contexte des arts visuels

RunwayML : Un outil qui facilite l'utilisation de modèles d'apprentissage automatique dans des projets créatifs

Cours et tutoriels en ligne

En s'appuyant sur les bases fournies dans ce livre, les cours et tutoriels en ligne suivants peuvent vous aider à approfondir votre compréhension et votre ensemble de compétences:

Coursera : Propose des cours des meilleures universités sur l'IA et l'apprentissage automatique

edX : Donne accès à du contenu éducatif et à des cours d'institutions du monde entier

Udemy : Propose divers cours qui couvrent un large éventail de sujets dans le domaine de l'IA générative

Chaînes YouTube telles que Two Minute Papers et Yannic Kilcher : Parfaites pour se tenir au courant des dernières avancées et des tutoriels

Communautés et forums

La participation à des communautés peut fournir un soutien, des commentaires et des opportunités de collaboration. Voici quelques plateformes populaires où convergent les passionnés et les professionnels de l'IA générative:

Reddit : Subreddits comme r/MachineLearning, r/ArtificalIntelligence et r/CreativeCoding

GitHub : Un endroit idéal pour trouver des projets open-source, partager votre code et collaborer avec d'autres

Kaggle : Une plateforme pour les concours de science des données, les ensembles de données et les discussions communautaires

Serveurs Discord : Divers serveurs dédiés à l'IA et à l'apprentissage automatique

Projets pratiques et modèles

Pour mettre la théorie en pratique, nous avons compilé quelques idées de projets et modèles pour vous aider à démarrer :

Création de portraits générés par l'IA à l'aide de GAN - Un guide étape par étape, de la préparation des données à l'entraînement du modèle

Génération de musique par l'IA à l'aide de réseaux neuronaux récurrents - Modèles pour la construction d'un générateur de musique de base

Installations artistiques interactives de l'IA - Combiner l'IA générative avec des éléments physiques interactifs

Glossaire des termes

Référer à la section du glossaire pour les définitions et les explications des termes et concepts clés utilisés tout au long de ce livre. Cela vous permettra de clarifier et d'approfondir votre compréhension au fur et à mesure que vous explorerez l'IA générative.

Cette annexe est conçue pour vous accompagner au fur et à mesure que vous vous enfoncez dans le monde de l'IA générative. Utilisez-la comme un tremplin pour explorer de nouvelles idées, vous attaquer à des projets ambitieux et rejoindre une communauté d'innovateurs partageant les mêmes idées. Le domaine de l'IA générative est vaste et regorge de possibilités : votre voyage ne fait que commencer.

Glossaire des termes

Ce glossaire vise à démystifier le jargon et la terminologie qui accompagnent souvent les discussions sur l'IA générative. À mesure que vous vous enfoncez dans le monde de l'IA, une bonne compréhension de ces termes vous permettra de saisir des concepts complexes et de tirer le meilleur parti de vos efforts créatifs.

Algorithme : Ensemble de règles ou d'instructions données à un système d'IA pour l'aider à apprendre ou à résoudre un problème.

Intelligence artificielle (IA) : Simulation de l'intelligence humaine dans des machines qui sont programmées pour penser et apprendre comme des êtres humains.

Modèles autorégressifs : Modèles qui prédisent le prochain point de données d'une séquence en fonction des précédents.

Backpropagation : Algorithme de formation pour les réseaux neuronaux qui met à jour les poids en propageant l'erreur vers l'arrière dans le réseau.

Réseau neuronal convolutionnel (CNN) : Type de réseau neuronal spécialement conçu pour traiter et analyser des données en forme de grille, telles que des images.

Augmentation des données : Techniques utilisées pour accroître la diversité des données disponibles pour la formation des modèles sans collecter de nouvelles données.

Apprentissage profond : Sous-ensemble de l'apprentissage automatique impliquant des réseaux neuronaux à nombreuses couches (réseaux "profonds") pour modéliser et comprendre des modèles complexes.

Discriminateur : Dans les GAN, le réseau neuronal qui fait la différence entre les données réelles et les données synthétiques.

Generative Adversarial Network (GAN) : Une classe de cadres d'apprentissage automatique dans lesquels deux réseaux neuronaux (un générateur et un discriminateur) s'affrontent.

Générateur : Dans les GAN, le réseau neuronal qui génère des données synthétiques.

Espace latent : Un espace multidimensionnel abstrait dans lequel les modèles génératifs projettent les données au cours des processus de transformation.

Machine Learning (ML) : Domaine de l'IA axé sur le développement de systèmes qui apprennent à partir de données et prennent des décisions sur la base de celles-ci.

Natural Language Processing (NLP) : Domaine de l'IA axé sur l'interaction entre les ordinateurs et les humains par le biais du langage naturel.

Réseau neuronal : Série d'algorithmes qui tentent de reconnaître les relations sous-jacentes dans un ensemble de données, conçus pour imiter la manière dont le cerveau humain opère.

Overfitting : Erreur de modélisation dans l'apprentissage automatique où un modèle est trop étroitement aligné sur ses données d'apprentissage, ce qui affecte ses performances sur de nouvelles données.

Régularisation : Techniques utilisées pour réduire l'overfitting en ajoutant des informations ou des contraintes au modèle.

Apprentissage par renforcement : Type de ML dans lequel un agent apprend à prendre des décisions en effectuant des actions dans un environnement afin d'obtenir une récompense cumulative maximale.

Apprentissage par transfert : Processus d'amélioration de l'apprentissage dans une nouvelle tâche par le transfert de connaissances d'une tâche connexe qui a déjà été apprise.

Transformateur : Type d'architecture de modèle conçu pour traiter des données séquentielles, plus connu pour son application dans les tâches de NLP.

Données d'entraînement : Ensemble de données utilisé pour entraîner un modèle d'apprentissage automatique.

Autoencodeur variationnel (VAE) : Un type de modèle génératif qui utilise les principes des méthodes bayésiennes variationnelles et des autoencodeurs pour apprendre les représentations latentes des données.

Poids : Paramètres d'un réseau neuronal qui transforment les données d'entrée dans les couches du réseau, formés et ajustés au cours du processus d'apprentissage.

Avec ce glossaire, vous êtes maintenant équipé d'une compréhension fondamentale des termes clés de l'IA générative. Ces connaissances soutiendront votre parcours d'apprentissage et vous aideront à naviguer dans des sujets plus complexes au fur et à mesure que vous progressez.

Ressources supplémentaires

Explorer le monde de l'IA générative est un voyage passionnant, mais il peut également être accablant en raison de son vaste éventail de concepts, de modèles et d'outils. Heureusement, il existe une abondance de ressources pour vous aider à approfondir votre compréhension, à vous tenir au courant des dernières avancées et à entrer en contact avec des passionnés et des professionnels du domaine partageant les mêmes idées. Cette section vous guidera vers des documents et des communautés utiles qui peuvent enrichir votre expérience d'apprentissage.

D'abord et avant tout, ne sous-estimez pas la richesse des informations disponibles dans les documents universitaires. Des sites Web tels que *arXiv* (http://arxiv.org/) sont inestimables pour accéder à la recherche de pointe sur les réseaux neuronaux, les GAN, les VAE et d'autres modèles génératifs. Ces articles, rédigés par des chercheurs de premier plan, fournissent des explications détaillées, des résultats expérimentaux et parfois même le code source. Bien qu'ils puissent être denses, prendre le temps d'analyser ces documents améliorera considérablement vos connaissances techniques.

En plus des articles universitaires, plusieurs manuels offrent une couverture approfondie des sujets liés à l'IA générative. Des textes tels que "Deep Learning" de Ian Goodfellow, Yoshua Bengio et Aaron Courville, et "Neural Networks and Deep Learning" de Michael Nielsen sont des incontournables de la communauté de l'IA. Ces livres fournissent des connaissances fondamentales et des aperçus avancés, ce qui en fait des lectures essentielles pour toute personne désireuse de maîtriser l'IA générative.

Les cours et tutoriels en ligne peuvent être particulièrement bénéfiques pour les débutants. Des plateformes telles que *Coursera* (http://coursera.org/), *edX* (http://edx.org/) et *Udacity* (http://udacity.com/) proposent des cours sur l'apprentissage automatique, les réseaux neuronaux, les GAN, etc. Bon nombre de ces cours sont créés par des experts issus d'universités et d'entreprises technologiques de premier plan et proposent un parcours d'apprentissage structuré comprenant des cours magistraux, des devoirs et des projets.

Pour la pratique, les plateformes de codage telles que *Kaggle* (http://kaggle.com/), *Google Colab* (http://colab.research. google.com/) et *GitHub* (http://github.com/) sont incontournables. *Kaggle* héberge des ensembles de données et des concours qui vous mettent au défi d'appliquer vos compétences à des scénarios du monde réel. propose des carnets Jupyter basés sur le cloud, ce qui facilite l'expérimentation du code d'IA générative sans avoir à se soucier de la mise en place d'un environnement local. *GitHub* est un trésor de projets, de bibliothèques et de scripts open-source que vous pouvez explorer, modifier et auxquels vous pouvez contribuer.

Se tenir au courant des dernières nouvelles et tendances en matière d'IA générative est crucial car le domaine évolue rapidement. Les blogs, les podcasts et les chaînes YouTube gérés par des passionnés et des professionnels de l'IA sont d'excellentes sources d'informations actuelles. *Distill* (http://distill.pub/) est une plateforme unique qui vise à rendre la recherche sur l'apprentissage automatique plus accessible grâce à un contenu interactif et visuellement attrayant. Vous pouvez également suivre les chercheurs et praticiens influents de l'IA sur les plateformes de médias sociaux telles que Twitter et LinkedIn pour obtenir des mises à jour et des informations.

Les communautés et les forums offrent un soutien, des conseils et des possibilités de mise en réseau. Des sites web comme *Reddit* (http://reddit.com/) ont des sous-reddits dynamiques tels que *r/MachineLearning* et *r/ArtificialIntelligence*, où les membres discutent de divers sujets et partagent des ressources. Le *AI Alignment Forum* (http://alignmentforum.org/) et les serveurs Discord *EleutherAI* sont également d'excellents endroits pour entrer en contact avec d'autres personnes passionnées par la sécurité de l'IA et la recherche sur l'alignement.

Les conférences et les ateliers offrent des occasions uniques d'entendre des experts de renommée mondiale, d'assister à des travaux révolutionnaires et même de présenter les vôtres. Parmi les événements notables, citons la *Conférence sur les systèmes de traitement de l'information neuronale (NeurIPS)*, la *Conférence internationale sur les représentations d'apprentissage (ICLR)* et l'*École d'été sur la modélisation générative (GeMSS)*. La participation à ces événements, qu'elle soit physique ou virtuelle, peut offrir d'immenses avantages en termes d'apprentissage et de réseautage.

Outre ces ressources, de nombreux praticiens de l'IA générative créent leurs propres sites web ou blogs où ils documentent leurs projets, partagent des tutoriels et offrent des conseils. Suivre ces créateurs peut vous donner un aperçu des applications pratiques et de l'expérimentation créative. Les bibliothèques Python telles que *TensorFlow* (http://tensorflow.org/) et *PyTorch* (http://pytorch.org/) disposent d'une documentation complète et de forums communautaires où vous pouvez trouver des réponses aux questions techniques et voir comment les autres utilisent ces outils.

Étant donné les implications éthiques et sociétales de l'IA générative, il est également judicieux de s'engager dans des ressources qui traitent de ces dimensions. Le *AI Ethics Lab* (http://aiethicslab.com/) et le *Future of Life Institute* (http://futureoflife.org/) publient des articles, des lignes directrices et des recherches sur l'utilisation responsable des technologies de l'IA. La consultation de ce contenu vous aidera à comprendre l'impact plus large de votre travail et vous guidera vers des pratiques éthiques.

À mesure que vous approfondirez l'IA générative, vous rencontrerez probablement des difficultés qui nécessiteront un dépannage et une optimisation. Dans ce cas, consultez des manuels de programmation complets et des guides axés sur des cadres ou des modèles spécifiques. La documentation officielle de bibliothèques telles que *Keras* (http://keras.io/) et *Scikit-learn* (http://scikit-learn.org/) propose des explications détaillées, des exemples de code et des pièges courants, ce qui en fait un outil de choix pour résoudre les problèmes techniques.

Enfin, conservez un état d'esprit curieux et exploratoire. Le domaine de l'IA générative est riche en potentiel et en constante évolution. En vous engageant dans un éventail diversifié de ressources, vous ne ferez pas qu'approfondir votre expertise, mais vous susciterez également des idées novatrices et des applications créatives. Le mélange de connaissances théoriques, de compétences pratiques et de considérations éthiques vous préparera à contribuer de manière significative au paysage croissant de l'IA générative.

Cette section vise à vous donner les connaissances et les outils nécessaires pour poursuivre votre voyage dans l'IA générative. Continuez à explorer, à apprendre et à vous connecter, car le monde de l'IA générative offre des possibilités illimitées de créativité et d'innovation.

www.ingramcontent.com/pod-product-compliance
Lightning Source LLC
Chambersburg PA
CBHW031833170526
45157CB00001B/282